传感器技术及应用

宋 宇 梁玉文 杨欣慧 编 著

U0350694

北京理工大学出版社
BEIJING INSTITUTE OF TECHNOLOGY PRESS

内 容 简 介

本书以"工学结合、项目引导、教学做一体化"为原则，涵盖了测量与误差、传感器技术、传感器应用三方面的内容，介绍了传感器的工作原理、特性及在实践中的应用。全书设计了 14 个项目，根据传感器的不同原理划分，分别介绍力敏、气敏、湿敏、电容、电感、霍尔、磁电、热电偶、压电、超声波、光电及新型的传感器，各项目之间相对独立。

本书选用了生活生产中典型的传感器技术及被测量参数进行项目设计，并在此基础上设计了拓展知识点和应用点，提高学生的拓展思维和应用能力。本书可作为高等院校自动化类专业、机电一体化及相关专业的教材及参考用书。

图书在版编目（CIP）数据

传感器技术及应用/宋宇，梁玉文，杨欣慧编著. —北京：北京理工大学出版社，2017. 12

ISBN 978 - 7 - 5682 - 5122 - 8

Ⅰ. ①传…　Ⅱ. ①宋…　②梁…　③杨…　Ⅲ. ①传感器 - 高等学校 - 教材　Ⅳ. ①TP212

中国版本图书馆 CIP 数据核字（2017）第 331452 号

出版发行／北京理工大学出版社有限责任公司

社　　址／北京市海淀区中关村南大街 5 号

邮　　编／100081

电　　话／（010）68914775（总编室）

　　　　　（010）82562903（教材售后服务热线）

　　　　　（010）68948351（其他图书服务热线）

网　　址／http：//www. bitpress. com. cn

经　　销／全国各地新华书店

印　　刷／三河市天利华印刷装订有限公司

开　　本／787 毫米×1092 毫米　1/16

印　　张／13.5　　　　　　　　　　　　　　　　责任编辑／陈莉华

字　　数／320 千字　　　　　　　　　　　　　　文案编辑／陈莉华

版　　次／2017 年 12 月第 1 版　2017 年 12 月第 1 次印刷　　责任校对／周瑞红

定　　价／51.00 元　　　　　　　　　　　　　　责任印制／施胜娟

前言
Preface

　　本书以典型的工程项目为载体，采用项目形式编写，内容紧密联系相关专业的工程实际，将知识点贯穿于项目中；遵循从简单到复杂循序渐进的教学规律，注重工程实践能力的提高，重点突出对学生技能的培养；力求全面、翔实、通俗。

　　全书按照项目描述、知识链接、项目实施、知识拓展、应用拓展五个方面的内容来设计，将知识点的学习直接嵌入到项目中，以项目为载体，实现教学目标，做到理论与实际无缝对接。按照由简单到复杂，由理论到实践，依照学生的认知规律安排教材内容，教学内容贴近生活实际，激发学生学习兴趣，增进学生认知速度，提高学生理解能力、分析能力、创新能力及解决实际问题的能力。

　　"传感器技术及应用"课程是在学习了电路基础、电子技术等专业基础课程之后开设的，本门课程为后续专业课程的学习打好基础。在学习本门课程的理论知识的基础上，能够配备传感器原理实训室和传感器应用实训室最佳，保证项目的顺利实施。

　　该书内容包含力传感器、湿度传感器、温度传感器、气体浓度传感器、压电传感器、光电传感器、磁电传感器、超声波传感器及新型传感器的原理、结构性能及应用。按工程实际编写了14个项目，为拓宽学生的视野、关注学生的可持续发展能力，每个项目均增加了知识拓展和应用拓展部分，确保学生在深刻理解基本知识和基本技能基础上，完善知识的连贯性、系统性和广泛性，使学生更深刻体会传感器在实际中的应用方法、应用技巧及其后续发展方向，从而提高学生的职业能力及就业优势。

　　本书由宋宇、梁玉文、杨欣慧等编著。具体分工如下：宋宇老师编写项目九，梁玉文老师编写项目一至项目六，杨欣慧老师编写项目十三、项目十四，董括老师编写项目十、项目十一，刘伟老师编写项目七、项目八，钱海月老师编写项目十二；许瑶、张悦、马莹莹、刘华等负责本书中的图片、公式、文字及附录部分的整理工作。

　　本书在编写过程中参阅了许多同行专家的论著文献，在此表示衷心的感谢。

　　由于编者知识水平和实践经验有限，书中疏漏及不足之处在所难免，恳请广大读者，特别是相关方面的专家提出宝贵意见并给予批评指正。

目录
$\mathcal{C}ontents$

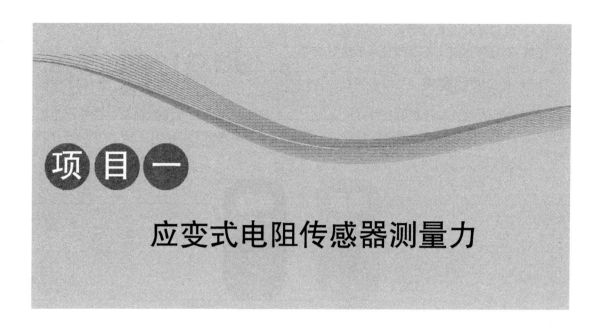

项目一

应变式电阻传感器测量力

1.1 项目描述

力是物理基本量之一，因此各种动态、静态力大小的测量十分重要，力学量包括质量、力矩、压力、应力等。力学量可分为几何学量、运动学量两部分，其中几何学量指的是位移、形变、尺寸等，运动学量是几何学量的时间函数，如速度、加速度等。

测量力的传感器种类繁多，如应变式电阻传感器、压阻式传感器、电感式压力传感器、电容式压力传感器、谐振式压力传感器及电容加速度传感器等。应用最为广泛的是应变式电阻传感器，它具有价格低、精度高、线性好的特点，并较容易与二次仪表相匹配实现自动检测。

1.1.1 学习目标

知识目标：

（1）掌握传感器的组成、分类及基本特性；

（2）掌握测量的定义及测量方法的分类；

（3）掌握误差的定义、分类及计算方法；

（4）掌握应变式电阻传感器的工作原理；

（5）熟悉应变式电阻传感器的种类、结构类型；

（6）了解应变式电阻传感器的测量转换电路；

（7）熟悉应变式电阻传感器的应用。

能力目标：

（1）能够运用误差的计算方法求取仪表的绝对误差、相对误差；

（2）能够校验仪表的精度等级，并判别该仪表是否合格；

（3）能够正确安装应变式电阻传感器；

（4）能够使用应变式电阻传感器进行测量。

1.1.2 项目要求

在日常生活中，广泛使用各种称重设备。为了方便使用，充分发挥称重设备体积小巧、使用安全、成本低廉、便于携带等特点，一般会使用手提式电子秤，如图 1 - 1 所示，称重范围为 1 ~ 50 kg。

图 1 - 1　手提式电子秤

1.2　知 识 链 接

1856 年英国物理学家 W. Thomson 发现了金属电阻的应变效应，1938 年首次出现了金属电阻丝应变片（SR - 4 型），1952 年英国人发明了金属箔式应变片，从而为各种力的测量奠定了理论和技术基础。

1.2.1 弹性敏感元件

1. 弹性敏感元件的定义

物体在外界力作用下改变原来尺寸或形状的现象称为变形。如果变形后的物体在外力去除后又恢复原来形状的变形称为弹性变形，具有弹性变形特性的物体称为弹性敏感元件。弹性敏感元件把力或压力转换成了应变或位移，应具有良好的弹性、足够的精度，应保证能长期使用和温度变化时的稳定性。

2. 弹性敏感元件的基本参数

1）刚度和灵敏度

刚度是指弹性元件在受力时抵抗弹性变形的能力，即产生单位位移所需要的力（或压力），它是弹性元件弹性变形难易程度的表征，一般用 K 表示：

$$K = \frac{\mathrm{d}F}{\mathrm{d}x}$$

灵敏度是指弹性元件在单位力作用下产生变形的大小，在弹性力学中称为弹性元件的柔度，它是刚度的倒数，用 S 表示：

$$S = \frac{1}{K} = \frac{\mathrm{d}x}{\mathrm{d}F}$$

刚度和灵敏度表示了弹性元件的软硬程度。元件越硬，刚度越大，单位力作用下变形越小，灵敏度越小。当刚度和灵敏度为常数时，作用力 F 与变形 x 呈线性关系，此种元件称为线性弹性元件。

2）弹性滞后

实际的弹性元件安装在试件上以后，由于应变落后于应力，在加载、卸载的正反行程中，位移曲线会不重合而形成一封闭回线，此封闭回线称为弹性滞后环。即当载荷增加或减少至同一数值时位移之间存在一差值，如图 1-2 所示，这种现象称为应变片的弹性滞后。

存在弹性滞后环现象说明加载时消耗于金属的变形功大于卸载时金属放出的变形功，因而有一部分变形功为金属所吸收。这部分吸收的功就称为金属的内耗，其大小用回线面积度量。它会给测量带来误差，产生弹性滞后的主要原因是敏感栅、基底和黏合剂在承受机械应变之后留下的残余变形所致。

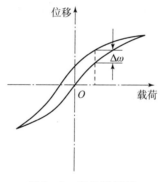

图 1-2　弹性滞后环

3）弹性后效

当载荷从某一数值变化到另一数值后，弹性元件不能立即完成相应的变形，而是需要经过一段时间间隔之后才能逐渐完成变形，这种现象称为弹性后效。由于载荷在停止变化之后，弹性元件在一段时间之内还会继续产生类似蠕动的位移，又称弹性蠕变。材料越均匀，弹性后效越小。高熔点的材料，弹性后效极小。

弹性滞后和弹性后效两种现象在弹性元件的工作过程中是相随出现的。其后果是降低元件的品质因素并引起测量误差和零点漂移，在传感器的设计中应尽量使它们减小。

1.2.2　电阻应变效应

导体或半导体材料在外界力的作用下会发生机械变形，此时导体或半导体材料的电阻值也会随之发生变化，这种现象称为电阻应变效应。应变式电阻传感器就是利用应变片的应变效应将应变变化转换成电阻值变化的原理制成的，将电阻应变片粘贴于被测弹性体上，当被测弹性体受到外力的作用时，其产生的应变就会传送到应变片上，使应变片的电阻值发生变化，通过测量应变片电阻值的变化就可得知被测弹性体受力的大小。

1.2.3 电阻应变片的结构形式

一、金属应变片

1. 金属电阻应变片的类型

电阻应变片的种类繁多，形式多样，按照应变片构造的材料进行分类，可分为金属应变片和半导体应变片两大类。其中，金属应变片分为箔式、丝式、薄膜式；半导体应变片分为体型、薄膜型、扩散型、PN 型和其他型。如图 1-3 所示，图 1-3（a）为圆角丝栅，其横向应变会引起较大测量误差，但耐疲劳性好，一般用于动态测量。图 1-3（b）为直角丝栅，精度高，但耐疲劳性差，适用于静态测量。箔式电阻应变片的丝栅形状可与应力分布相适应，制成各种专用应变片，如图 1-3（c）为应变式扭矩传感器专用应变片，图 1-3（d）为板式压力传感器专用应变片。

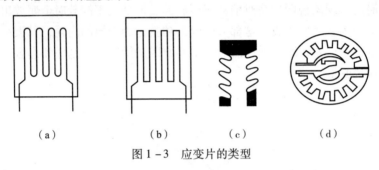

（a）　　　　　（b）　　　　　（c）　　　　　（d）

图 1-3　应变片的类型

2. 金属电阻应变片的结构

金属电阻应变片的结构如图 1-4 所示，它由敏感栅（金属丝或应变箔）、基体、保护层、引出线等几部分组成。

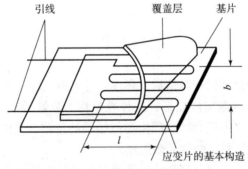

图 1-4　金属电阻应变片

1）敏感栅

应变片的核心是敏感栅，由某种金属、金属箔绕成栅形，粘贴在基体上，通过基体将应变传递给它，敏感栅将感受到的应变转换为电阻值的变化。应变片的电阻值指应变片在未经安装也不受外力的情况下，在室温下测得的电阻值。

金属应变箔的敏感栅是由很薄的金属箔片用光刻、腐蚀等技术制作而成的，箔栅厚度一般在 0.003～0.01 mm 范围内。与丝式应变片相比，金属箔式应变片具有散热性能好、允许电流大、灵敏度高、寿命长、可制成任意形状、易加工、生产效率高等优点，因此应用范围日益扩大，已逐渐取代丝式应变片而占据主要的地位。

金属薄膜应变片是采用真空蒸镀或溅射式阴极扩散等方法，在很薄的绝缘基底材料上制成一层金属电阻材料薄膜，再加上保护层形成的。这种应变片有较高的灵敏度系数，允许通过的电流较大，工作温度范围较广。

2）基体与保护层

基体用于保护敏感栅、引出线的几何形状和相对位置；保护层既保护敏感栅和引出线的形状位置，还可以保护敏感栅。基体、保护层均由专门的薄纸制成，基体的厚度一般为 $0.02 \sim 0.04$ mm。

3）引出线

它是应变片敏感栅中引出的细金属线，大多数敏感栅材料都可以制成引线。引出线焊接于敏感栅两端，作连接测量导线之用。

4）黏合剂

用黏合剂将敏感栅固定于基体上，并将保护层与基体贴在一起。使用金属应变片时，也需用黏合剂将应变片基体粘贴在试件表面，以便将被测件受力后的表面应变传递给敏感栅。

二、半导体应变片

半导体应变片是利用半导体材料的压阻效应而制成的一种纯电阻性元件。对一块半导体材料的某一轴向施加一定的载荷而产生应力时，它的电阻率会发生变化，这种物理现象称为半导体的压阻效应。半导体电阻应变片具有本身体积小，灵敏系数比金属电阻应变片的灵敏系数大 10 倍，横向效应和机械滞后极小的特点，但其温度稳定性、线性度比金属电阻应变片差很多。半导体应变片有以下几种类型。

1. 体型半导体电阻应变片

这种半导体应变片是将单晶硅锭通过切片、研磨、腐蚀压焊引线，最后粘贴在锌酚醛树脂或聚酰亚胺的衬底上制成的。如图 1-5 所示为半导体电阻应变片的结构。体型半导体电阻应变片可分为以下 6 种。

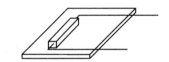

图 1-5 半导体电阻应变片的结构

（1）普通型：它适合于一般应力测量。

（2）温度自动补偿型：它能使温度引起的导致应变电阻变化的各种因素自动抵消，只适用于特定的试件材料。

（3）灵敏度补偿型：通过选择适当的衬底材料（例如不锈钢），并采用稳流电路，使温度引起的灵敏度变化极小。

（4）高输出（高电阻）型：它的阻值很高（$2 \sim 10$ kΩ），可接成电桥以高电压供电而获得高输出电压，因而可不经放大而直接接入指示仪表。

（5）超线性型：它在比较宽的应力范围内，呈现较宽的应变线性区域，适用于大应变范围的场合。

（6）P-N 组合温度补偿型：它选用配对的 P 型和 N 型两种转换元件作为电桥的相邻两

臂，从而使温度特性和非线性特性有较大改善。

2. 薄膜型半导体电阻应变片

这种应变片是利用真空沉积技术将半导体材料沉积在带有绝缘层的试件上或蓝宝石上制成的。它通过改变真空沉积时衬底的温度来控制沉积层电阻率的高低，从而控制电阻温度系数和灵敏度系数。因而能制造出适于不同试件材料的温度自补偿薄膜应变片。薄膜型半导体电阻应变片吸收了金属应变片和半导体应变片的优点，并避免了它的缺点，是一种较理想的应变片。

3. 扩散硅型半导体电阻应变片

这种应变片是将 P 型杂质扩散到一个高电阻 N 型硅基底上，形成一层极薄的 P 型导电层，然后用超声波或热压焊法焊接引线而制成。它的优点是稳定性好，机械滞后和蠕变小，电阻温度系数也比一般体型半导体电阻应变片小一个数量级。缺点是由于存在 P–N 结，当温度升高时，绝缘电阻大为下降。新型固态压阻式传感器中的敏感元件硅梁和硅杯等就是用扩散硅制成的。

4. 外延型半导体电阻应变片

这种应变片是在多晶硅或蓝宝石的衬底上外延一层单晶硅而制成的。它的优点是取消了 P–N 结隔离，使工作温度大为提高（可达 300 ℃以上）。

1.3 项目实施

1.3.1 任务分析

1. 电子秤的结构分析

电子秤是实现直接将重量信号转换成电信号的装置。一般来说，电子秤由承重和传力机构、称重传感器、显示记录仪表、电源等组成。

1）称重和传力机构

它将被称物体的重量或力传递给称重传感器的全部机械系统。包括称重台面、秤桥机构、吊挂连接单元和安全限位装置等。

2）称重传感器

称重传感器是压力测量传感器，它常用于静态测量和动态测量，压缩形式，具有较好的精度。它将作用于传力机构的重量或力按一定的函数关系（一般为线性关系）转换为电量（电压、电流和频率）输出，也称其为一次变换元件。它的机械部分是由一整块的金属部分组成，所以这个基本的测量元件和它的外壳部分没有焊接过程，从而使尺寸更小，并且加强了保护等级。

3）显示记录仪表

用于测量称重传感器输出的电信号数值或状态，以指针或数码形式显示出来，这部分也称为二次显示仪表。

4）电源

用于向称重传感器测量桥提供的电源要求稳定度高，可以是交流或直流稳压电源。

现代的许多电子秤多采用微处理器或微型、小型计算机作为控制和处理中心。

2. 电子秤的测量电路分析

电阻式传感器可以用直流或交流电桥作为转换电路，当电桥输出为零时，称为平衡电桥。电桥在初始状态是平衡的，输出电压等于零；当桥臂参数变化时才有输出电压，此种情况称为不平衡电桥，其特性是非线性的。如图1-6所示为惠斯通电桥。

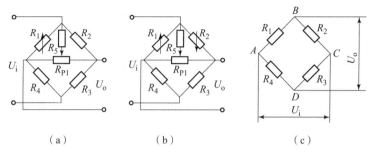

图1-6　惠斯通电桥

从图1-6（c）可以得出：

$$U_o = U_{AB} - U_{AD} \tag{1-1}$$

而 $U_{AB} = \dfrac{R_1}{R_1 + R_2}U_i$，$U_{AD} = \dfrac{R_4}{R_3 + R_4}U_i$，代入式（1-1），则：

$$U_o = \frac{R_1}{R_1 + R_2}U_i - \frac{R_4}{R_3 + R_4}U_i = \frac{R_1 R_3 - R_2 R_4}{(R_1 + R_2)(R_3 + R_4)}U_i \tag{1-2}$$

从式（2-2）可以看出当有激励电压时电桥失去平衡，输出电压不为零（即 $U_o \neq 0$）。$U_o = 0$ 的条件是：

$$R_1 R_3 = R_2 R_4 \tag{1-3}$$

也就是说理想状态下 $R_1 R_3 = R_2 R_4$ 时，惠斯通电桥处在平衡状态（$U_o = 0$）。给传感器加负荷，若应变片 R_1 受拉，必然会出现 $R_1 R_3 > R_2 R_4$ 的情况，这样就打破了惠斯通电桥的平衡，使输出端电压 $U_o \neq 0$。加载负荷越大，应变片应变越大，阻值变化也就越大，电桥输出 U_o 也就更大。惠斯通桥路正是靠该原理实现了力到电信号的转变。

当4个桥臂电阻 R_1、R_2、R_3、R_4 分别发生 ΔR_1、ΔR_2、ΔR_3、ΔR_4 的变化量时，式（1-3）分母中将有变量 ΔR 项，分子中将含有（ΔR）^{2} 项，因此电桥为非线性的。在满足式（1-2）条件下，略去分母中的 ΔR 项和分子中（ΔR）^{2} 的项，整理可得：

$$U_o \approx \frac{U_i}{4}\left(\frac{\Delta R_1}{R_1} - \frac{\Delta R_2}{R_2} + \frac{\Delta R_3}{R_3} - \frac{\Delta R_4}{R_4}\right) \tag{1-4}$$

若4个桥臂都是电阻应变片，可将 $\dfrac{\Delta R}{R} = K\varepsilon_x$ 代入式（1-4）中可得：

$$U_o \approx \frac{U_i}{4}K(\varepsilon_1 - \varepsilon_2 + \varepsilon_3 - \varepsilon_4) \tag{1-5}$$

对于应变式传感器，其电桥电路可分为单臂半桥、双臂半桥和全桥工作方式。全桥和双臂半桥还可构成差动工作方式。

1）单臂半桥工作方式

如图1-6（a）所示，R_1 为电阻应变片，R_2、R_3、R_4 为固定电阻，由式（1-4）和式

（1-5）得：

$$U_o \approx \frac{U_i}{4} \frac{\Delta R_1}{R_1} = \frac{U_i}{4} K \varepsilon_1 \qquad (1-6)$$

2）双臂半桥工作方式

如图1-6（b）所示，R_1、R_2 均为电阻应变片，R_3、R_4 为固定电阻，同理可得：

$$U_o \approx \frac{U_i}{4} \left(\frac{\Delta R_1}{R_1} - \frac{\Delta R_2}{R_2} \right) = \frac{U_i}{4} K(\varepsilon_1 - \varepsilon_2) \qquad (1-7)$$

3）差动电桥

式（1-4）中，相邻桥臂间为相减关系，相对桥臂间为相加关系。因此，构成差动电桥的条件为：相邻桥臂应变片的应变方向应相反，相对桥臂应变片的应变方向应相同。如果各应变片的应变量相等，则称为对称电桥。式（1-6）和式（1-7）可改写为：

$$U_o \approx \frac{U_i}{2} \frac{\Delta R_1}{R_1} = \frac{U_i}{2} K \varepsilon_1 \qquad (1-8)$$

$$U_o \approx U_i \frac{\Delta R_1}{R_1} = U_i K \varepsilon_1 \qquad (1-9)$$

式（1-8）为对称差动半桥的输出电压表达式，式（1-9）为对称差动全桥的输出电压表达式。可见，差动电桥可提高电桥的灵敏度。由于消除或减少了分母中的 ΔR 项和分子中的 $(\Delta R)^2$ 项，因此减少了电桥的非线性。同时相邻桥臂对相同方向的变化有补偿作用，因此可实现温度补偿。

1.3.2　实施步骤

（1）用4号实验导线和双头航空插头线按照图1-7所示接线。

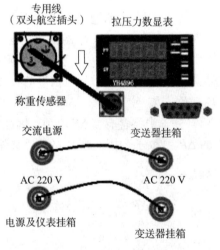

图1-7　电子秤接线图

（2）打开"电源及仪表挂箱"总电源，指示灯点亮，拉压力数显表得电。

（3）按照拉压力传感器以及显示仪表的操作说明进行设置（出厂前已经校准好，该步骤可以省略）。

（4）在电子秤模型称重盘上放置一只砝码，观察此时显示仪表上的数值，依次增加砝码和读取相应的数显表值，直到 10 个砝码加完，将结果记录在表 1 − 1 中。

表 1 − 1　结果数据记录

质量/g										
电压/mV										

（5）实验结束后，将电源关闭，将导线整理好放回原处。

（6）根据表 1 − 1 所示数值，计算系统灵敏度 $S = \dfrac{\Delta U}{\Delta W}$（$\Delta U$ 输出电压变化量，ΔW 重量变化量）和非线性误差 $\gamma_{\mathrm{L}} = \pm \dfrac{\Delta L_{\max}}{y_{\mathrm{FS}}} \times 100\%$，式中 $\Delta L_{\max}$ 为输出值（多次测量时的平均值）与拟合直线的最大偏差；y_{FS} 为满量程输出平均值。

1.3.3　数据处理

1. 非线性误差计算

线性度即非线性误差，是传感器的校准曲线与理论拟合直线之间的最大偏差（$\Delta L_{\max}$）与满量程值（y_{FS}）的百分比，即

$$\gamma_{\mathrm{L}} = \pm \frac{\Delta L_{\max}}{y_{\mathrm{FS}}} \times 100\%$$

2. 拟合直线求取

对传感器特性线性化，用一条理论直线代替标定曲线，即拟合直线。拟合直线不同，所得线性度也不同。常用的两种拟合直线，即端基拟合直线和独立拟合直线，如图 1 − 8 所示。

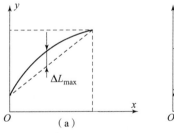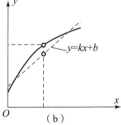

图 1 − 8　传感器拟合直线示意图
（a）端基拟合直线；（b）独立拟合直线

（1）端基拟合直线是由传感器校准数据的零点输出平均值和满量程输出平均值连成的一条直线。由此所得的线性度称为端基线性度。这种拟合方法简单直观，应用较广，但拟合精度很低，尤其对非线性比较明显的传感器，拟合精度更差。

（2）独立拟合直线方程是用最小二乘法求得的，在全量程范围内各处误差都最小。独立线性度也称最小二乘法线性度。这种方法拟合精度最高，但计算很复杂。

1.4 知 识 拓 展

1.4.1 传感器的基本特性

传感器的基本特性是指传感器的输入与输出关系特性，是传感器内部结构参数作用关系的外部表现。传感器的特性参数有很多，且不同类型的传感器，其特性参数的要求和定义也各有差异，但都可以通过其静态特性和动态特性进行全面描述。

静态特性表示传感器在被测各量值处于稳定状态时的输入与输出的关系。评价传感器优劣的指标除前文介绍的灵敏度和非线性度外，还包括精确度、变差、重复性、漂移、测量范围与量程、分辨率和阈值、环境特性、稳定性等。

1. 精确度（精度）

精确度是用来表示仪表测量结果可靠程度最重要的指标。在自动化仪表中，以最大相对百分误差（引用误差）来定义仪表的精度等级：

$$\delta = \pm \frac{\Delta_{max}}{测量范围上限 - 测量范围下限} \times 100\% \qquad (1-10)$$

仪表的 δ 越大，表示它的精确度越低；反之，δ 越小，表示它的精确度越高。对于两台测量范围不同的仪表，如果它们的绝对误差相等，那么测量范围大的仪表精确度比测量范围小的高。

国家统一规定仪表的精度等级的方法：将仪表允许的最大相对百分误差去掉"±"和"%"，便可用来确定仪表的精度等级。划分的精度等级有：0.1、0.2、0.5、1.0、1.5、2.5、4.0。一般来说，精度等级越高测量结果越准确可靠，但价格越贵，维护越烦琐。

例1 某台测温仪表的测温范围为 200 ℃ ~700 ℃，校验该表时得到的最大绝对误差为 +4 ℃，试确定该仪表的精度等级。

解：该仪表的相对百分误差为：

$$\delta = \frac{+4}{700 - 200} \times 100\% = +0.8\%$$

去掉"+"和"%"，数值为 0.8。但国家规定的精度等级中没有 0.8 级仪表，而且，该仪表的误差超过了 0.5 级仪表所允许的最大误差，因此该仪表的精度等级为 1.0 级。

例2 某台测温仪表的测温范围为 0 ℃ ~1 000 ℃。根据工艺要求，温度指示器的误差不允许超过 ±7 ℃，试问应如何选择仪表的精度等级才能满足以上要求？

解：根据工艺要求，仪表允许的最大百分误差为：

$$\delta = \frac{\pm 7}{1\,000 - 0} \times 100\% = \pm 0.7\%$$

去掉"+"和"%"，数值介于 0.5 ~0.7。如果选择精度等级为 1.0 级的仪表，其允许的误差为 ±1.0%，超过了工艺上允许的数值，因此，应选择 0.5 级的仪表才能满足工艺要求。

2. 变差（回差、迟滞）

变差是在外界条件不变的情况下，当输入变量由小变大和由大变小时，仪表对于同一输入所给的两相应输出值不相等，二者在全行程范围内的最大差值即为变差，如图 1-9 所示。其数值为对应同一输入量的正行程和反行程输出值间的最大偏差 $\Delta H_{\max}$ 与满量程输出值的百分比。用 γ_H 表示为：

$$\gamma_H = \pm \frac{\Delta H_{\max}}{Y_{FS}} \times 100\% \qquad (1-11)$$

3. 重复性

如图 1-10 所示，重复性是指在同一工作条件下，输入量按同一方向在全测量范围内连续变化多次所得特性曲线的不一致性。从误差的性质讲，重复性误差属于随机误差。

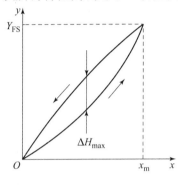

图 1-9　传感器迟滞示意图

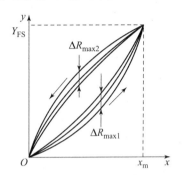

图 1-10　传感器重复性示意图

4. 漂移

零漂和温漂：传感器无输入（或某一输入值不变）时，每隔一定时间，其输出值偏离原示值的最大偏差与满量程的百分比，即为零漂。温度每升高 1 ℃，传感器输出值的最大偏差与满量程的百分比，称为温漂。

5. 测量范围与量程

在允许误差范围内，传感器能够测量的下限值（$y_{\min}$）到上限值（$y_{\max}$）之间的范围称为测量范围，表示为 $y_{\min} \sim y_{\max}$；上限值与下限值的差称为量程，表示为 $y_{FS} = y_{\max} - y_{\min}$。如某温度计的测量范围是 -20 ℃ ~ 80 ℃，量程则为 100 ℃。

6. 分辨率和阈值

传感器能检测到输入量最小变化量的能力称为分辨力。对于某些传感器，如电位器式传感器，当输入量连续变化时，输出量只做阶梯变化，则分辨力就是输出量的每个"阶梯"所代表的输入量的大小。对于数字式仪表，分辨力就是仪表指示值的最后一位数字所代表的值。当被测量的变化量小于分辨力时，数字式仪表的最后一位数不变，仍指示原值。当分辨力以满量程输出的百分数表示时则称为分辨率。

阈值是指能使传感器的输出端产生可测变化量的最小被测输入量值，即零点附近的分辨力。有的传感器在零位附近有严重的非线性，形成所谓"死区"，则将死区的大小作为阈值；更多情况下，阈值主要取决于传感器噪声的大小，因而有的传感器只给出噪声电平。

7. 环境特性

周围环境对传感器影响最大的是温度。目前，很多传感材料采用灵敏度高，且信号易处理的半导体。然而，半导体对温度最敏感，实际应用时要特别注意。

除温度外，还有气压、湿度、振动、电源电压及频率等都影响传感器的特性。

8. 稳定性

理想特性的传感器是加相同的大小输入量时，输出量总是大小相同。然而，实际上传感器特性随时间而变化，因此，对于相同大小输入量，其输出量是变化的。连续工作时，即使输入量恒定，传感器输出量也会朝着一个方向偏移，这种现象称为温漂。需要注意的是，除传感器本身的温漂外，还有安装传感器的机构的温漂，以及电子电路的温漂。

1.4.2　压力的概念

工程测试中常称的压力实际就是物理学中已习惯采用的"压强"。在工程中，统称介质（包括气体或液体）垂直均匀地作用于单位面积上的力称为压力，又称为压强。

由于地球表面存在着大气压力，物体受压的情况也各不相同，为便于在不同场合表示压力数值，引用了绝对压力、表压力、负压和差压等概念。

（1）绝对压力：作用在物体表面上的总压力，其零点以绝对真空为基准，又称为总压力或全压力，一般都用大写字母 P 来表示。

（2）大气压力：地球表面上的空气柱重量所产生的压力，以 P_a 表示。

（3）表压力：绝对压力与大气压力之差，一般用 P_g 表示。测压仪表一般指示的压力都是表压力，表压力又称相对压力。

（4）负压：当绝对压力小于大气压力时，表压力为负压，负压又可用真空度表示，负压的绝对值称为真空度。如测炉膛和烟道气体的压力，均为负压。

（5）差压：任意两个压力之差称为差压。在测量差压时，习惯上把较高一侧的压力称为正压，较低一侧的压力称为负压，而这个负压不一定低于大气压。

1.5　应 用 拓 展

1.5.1　陶瓷压力传感器

抗腐蚀的陶瓷压力传感器没有液体的传递，压力直接作用在陶瓷膜片的前表面，使膜片产生微小的形变，厚膜电阻印制在陶瓷膜片的背面，连接成一个惠斯通电桥（闭桥），由于压敏电阻的压阻效应，使电桥产生一个与压力成正比的高度线性、与激励电压也成正比的电压信号，标准信号根据压力量程的不同标定为 2.0 mV/3.0 mV/3.3 mV，等，可以和应变式传感器相兼容。通过激光标定，传感器具有很高的温度稳定性和时间稳定性，传感器自带温度补偿 0 ℃ ~70 ℃，并可以和绝大多数介质直接接触。

陶瓷是一种公认的高弹性、抗腐蚀、抗磨损、抗冲击和振动的材料。陶瓷的热稳定特性及它的厚膜电阻可以使它的工作温度范围高达 -40 ℃ ~135 ℃，而且具有测量的高精度、高稳定性；电气绝缘程度大于 2 kV，输出信号强，长期稳定性好。高特性、低价格的陶瓷传感器将是压力传感器的发展方向，在欧美国家有全面替代其他类型传感器的趋势，在中国也越来越多的用户使用陶瓷传感器替代扩散硅压力传感器。

1.5.2　扩散硅压力传感器

扩散硅压力传感器中的单晶硅是压阻式的应变元件，也可以说是一种固体硅电阻器，被测介质的压力直接作用于传感器的膜片上（不锈钢或陶瓷），使膜片产生与介质压力成正比的微位移，使传感器的电阻值发生变化，其电阻变化与所承受的机械应力成正比，将它与悬臂梁机械地连在一起并形成惠斯通电桥，可产生同振动运动成正比的电信号。目前扩散硅压力传感器已应用于工业和航空航天的压力测量、冲击波和爆炸试验，以及液压和气压测量系统等领域。

1.5.3　半导体压力传感器

应变片的材料通常是金属，但近年来常采用半导体来制作应变片，用它可获得的电阻值变化是金属的 100 倍以上，可测定 1×10^{-6} 大小的应变。制造工艺类似于 IC（集成电路）的半导体压力传感器越来越受到关注。已开发的有应用于汽车发动机的各种压力传感器，这种传感器的大小为数平方毫米，厚度为 1 mm；而作为心脏内的血压传感器，可装在插管的前端，大小为 1 mm×2 mm 左右；半导体压力传感器应用在电动吸尘器上时，可通过测吸力来控制吸尘器，当吸尘器吸入纸和窗帘等物时，能使电动机自动停止，打扫地毯时可提高转速等。

1.5.4　弹性式压力计

弹性式压力计是利用各种形式的弹性元件，在被测介质的作用下，使弹性元件受压后产生弹性形变的原理而制成的测压仪表。这种仪表具有结构简单、使用可靠、读数清晰、牢固可靠、价格低廉、测量范围宽、精度高等优点。若增加附加装置，如记录机构、电气变换装置、控制元件等，则可以实现压力的记录、远传、信号报警、自动控制等。弹性式压力计可以用来测量几十帕到数千帕范围内的压力，因此在工业上是应用最为广泛的一种压力测量仪表。根据弹性元件结构不同，弹性式压力计分为膜片式、膜盒式、波纹管式、弹簧管式、螺旋管式等类型。

1.6　思考与练习

1.1　什么是被测量值的绝对误差、相对误差和引用误差？

1.2　用测量范围为 0～150 kPa 的压力传感器测量 140 kPa 压力时，传感器测得示值为 142 kPa，求该示值的绝对误差、相对误差和引用误差。

1.3　什么是随机误差？随机误差具有哪些特征？随机误差产生的原因是什么？

1.4　对某一电压进行多次精密测量，测量结果如表 1-2 所示，试写出测量结果的表达式。

表1-2　对某一电压进行多次精密测量的测量结果

测量次序	读数/mV	测量次序	读数/mV
1	85.65	9	85.35
2	85.24	10	85.21
3	85.36	11	85.16
4	85.30	12	85.32
5	85.30	13	84.86
6	85.71	14	85.21
7	84.70	15	84.97
8	84.94	16	85.19

1.5　有三台测温仪表，量程均为 0 ℃ ~600 ℃，精度等级分别为 2.5 级、2.0 级和 1.5 级，现要测量 500 ℃ 的温度，要求相对误差不超过 2.5%，选用哪台仪表合理？

1.6　有两台测温仪表，测量范围为 − 300 ℃ ~ + 300 ℃ 和 0 ℃ ~700 ℃，已知两台仪表的绝对误差最大值都为 0.1 ℃，试问哪台仪表的精度高？

1.7　有一测压仪表，测量范围为 0 ~ 800 Pa，准确度为 0.5 级。现用它测量 400 Pa 的压强，求由仪表引起的绝对误差和相对误差分别是多少？

1.8　有一温度计，它的测量范围为 0 ℃ ~200 ℃，精度等级为 0.5 级，求：

（1）该温度计可能出现的最大绝对误差。

（2）当示值分别为 20 ℃、100 ℃ 时的示值相对误差。

项目二

热电阻传感器测量温度

2.1 项目描述

温度是表征物体冷热程度的物理量，是物体内部分子无规则运动剧烈程度的标志。自然界中任何物理、化学过程都与温度有着紧密的联系，它也是直接影响生产安全、产品质量、生产效率和能源利用等方面的重要因素之一。

温度传感器用于家电产品中的室内空调、干燥器、电冰箱、微波炉等，还用来控制汽车发动机，如测定水温、吸气温度等；也广泛用于检测化工厂的溶液和气体的温度。

2.1.1 学习目标

知识目标：

（1）掌握温度的基本概念及温标的分类；

（2）掌握金属热电阻的工作原理，理解热电阻传感器的三线制接法；

（3）熟悉热电阻的分类及结构类型；

（4）熟悉热电阻传感器的应用。

能力目标：

（1）能够正确选择及安装热电阻传感器；

（2）能够使用热电阻传感器进行测量。

2.1.2 项目要求

在家用电器中，大量设备如电冰箱、电饭煲、热水器、电熨斗、洗衣机等，都要对温度进行测量。现在的冰箱要求保鲜功能越来越精确，对温度控制要求也更高，这就需要我们对其温度进行检测，但这里使用的温度传感器要求体积小、重量轻、价格低，因此可以选用热电阻或热敏电阻作为测温传感器。

2.2 知 识 链 接

2.2.1 温标的基本知识

衡量温度高低的标尺叫作温度标尺，简称温标。它是温度的数值表示方法，是温度定量测量的基准，规定了温度的读数的起点（即零点）和测量温度的基本单位。人们一般是借助于随温度变化而变化的物理量和某些温度固定的点来定义温度的数值，建立温标和制造温度测量仪表的。自 1927 年建立国际实用温标以来，随着社会生产和科学技术的进步，温标的复现也在不断发展。根据第 18 届国际计量大会（CGPM）的决议，自 1990 年 1 月 1 日起在全世界范围内实行"1990 年国际温标（ITS – 1990）"，以此代替多年实用的"1968 年国际实用温标（IPTS – 1968）"和"1976 年 0.5 ~ 30 K 暂行温标（EPT – 1976）"。我国于 1994 年 1 月 1 日起全面实施 ITS – 1990。下面简要介绍几种常用温标。

1. 摄氏温标（℃）

摄氏温标的创制者是瑞典天文学家安德斯·摄尔修斯（Celsius），经法国人克里斯廷修订，规定在一个大气压下，冰水混合物的温度为 0 ℃，水的沸点为 100 ℃；两者之间分为 100 等份，每一等份为一摄氏度，用符号℃表示。

2. 热力学温标（K）

19 世纪中叶，由英国人开尔文（Kelvin）以热力学第二定律为基础提出的，建立了温度仅与热量有关而与物质无关的热力学温标，亦称开氏温标。国际权度大会采纳其为国际统一的基本温标，符号为 T，单位为开尔文（K）。

热力学温标规定分子运动停止（即没有热存在）时的温度为绝对零度，水的三相点（气、液、固三态同时存在且进入平衡状态时的温度）的温度为 273.16 K，把从绝对零度到水的三相点之间的温度均匀分为 273.16 格，每格为 1 K。

3. 华氏温标（°F）

华氏温标由德国物理学家华伦海特（Fahrenheit）提出。规定在标准大气压下纯水的冰点温度为 32 °F，水的沸点温度为 212°F，中间划分 180 等份，每一等份为一华氏度，由符号°F 表示。西方国家在日常生活中普遍使用华氏温标。

华氏温标与摄氏温标的转换关系为

$$t_{\mathrm{F}} = \frac{9}{5} t_{\mathrm{C}} + 32 \tag{2-1}$$

绝大部分物体的性能都会随温度产生或多或少的改变。从这个意义上讲，可通过检测物体某个随温度变化的参量确定物体的温度改变量，可将这些物体作为检测温度的传感器。但由于物体的某个物理性质随温度变化的改变量不能满足连续性、线性和单值性等要求，并且它们的复现性、灵敏度和工艺性不好时，就不能将它作为温度传感器。考虑以上因素，当物体温度改变时，其某个性质变化满足如上要求，而其他性质对温度并不敏感时，则可利用物体的此性质作为标定量，将此物质作为检测温度的传感器。

利用各种物质材料的不同物理性质随温度变化的规律把温度的变化转换为电量变化的装置称为温度传感器。根据使用方式，温度传感器通常分为直接接触式温度传感器和非接触式温度传感器。

直接接触式温度传感器的检测部分与被测对象有良好的接触，通过热传导或热对流达到热平衡，从而使传感器的输出电信号能直接表示被测对象的温度。其特点是测量精度较高，在一定范围内可测量物体内部的温度分布。但对于运动体、小目标或热容量很小的对象则会产生较大的测量误差。常用的温度计有双金属温度计、玻璃液体温度计、压力式温度计、电阻温度计、热敏电阻和温差电偶等，它们广泛应用于工业、农业、商业等部门，在日常生活中人们也常常使用这些温度计。

非接触式温度传感器的敏感元件与被测对象互不接触，又称非接触式测温仪表，它是利用被测对象的热辐射来测量温度的。这种仪表常用来测量 1 000 ℃ 以上的物体表面温度，测量运动物体、小目标和热容量小或温度变化迅速（瞬变）对象的表面温度，也可用于测量温度场的温度分布。非接触式温度传感器广泛应用于辐射温度计、报警装置、来客告知器、火灾报警器、自动门等场合。

2.2.2　金属热电阻

热电阻传感器主要是利用金属材料或氧化物半导体材料的电阻率随温度的变化而变化的特性来测量温度的，前一种称为热电阻，后一种称为热敏电阻，统称热电阻。一般来说作为测量用的热电阻材料必须满足以下要求：

（1）温度系数高、电阻率高，可以提高灵敏度及缩小传感器体积。

（2）物理、化学性能稳定，以确保在温度检测范围内其电阻温度特性不变。

（3）良好的输出特性，即电阻随温度变化保持单值并且尽量呈线性关系。

（4）良好的加工工艺性，材料复制性好，价格便宜。

通过试验发现热电阻材料的电阻率 ρ 与温度的关系近似为：

$$\rho_t = a + bt + ct^2 \qquad (2-2)$$

式中　ρ_t——温度为 t 时的电阻率；

　　　t——温度（℃）；

　　　a，b，c——由试验确定的常数。

对于电阻丝的电阻有如下关系式：

$$R_t = \rho_t \frac{L_t}{S_t} \qquad (2-3)$$

式中　L_t——温度为 t 时的电阻丝的长度；

　　　S_t——温度为 t 时的电阻丝的截面积。

因此，热电阻是利用导体或半导体的电阻率随着测量被测物体温度的变化而变化的原理设计的。

金属材料的载流子为电子，当金属温度在一定范围内升高时，自由电子的动能增加，使得自由电子定向运动的阻力增加，金属的导电能力降低，即电阻增大。由此可通过测量电阻值变化的大小，而得出温度变化的大小。制成热电阻的材料最常用的为铂、铜，在低温测量中使用铟、锰、碳等材料。

1. 铂热电阻

铂热电阻是目前公认的制造热电阻的最好材料，它性能稳定、重复性好、测量精度高，而且其阻值与温度之间有很近似的线性关系，测温范围为 -200 ℃ ~ 850 ℃。它主要用于高精度温度测量和制作标准电阻温度计。其缺点是电阻温度系数小、价格高。铂热电阻具有如下特点：

（1）在氧化性介质中，甚至在高温下，铂的物理、化学性质都很稳定。

（2）在还原性介质中，特别是在高温下，很容易被氧化物中已还原成金属的金属蒸气所玷污，致使铂丝变脆，并改变电阻与温度的关系特性。

（3）铂金属是贵金属，价格较贵。

对于（2）中的特点可以利用保护套管避免或减轻变脆程度。因此，从对热电阻的要求来衡量，铂在极大程度上能满足上述要求，所以它是制造基准热电阻、标准热电阻和工业用热电阻的最好材料。

利用热电阻分度表，在实际测量中只要测量出热电阻的阻值 R，便可从分度表上查出对应的温度值。常用的铂热电阻有 Pt100 和 Pt50，其分度表见附录。

2. 铜热电阻

由于铂为贵金属，因此在测量精度不太高、测量范围不大的情况下，可采用铜热电阻来代替铂热电阻，同时也能达到精度要求。在温度为 -50 ℃ ~ 150 ℃ 范围内，铜热电阻与温度呈线性关系。

铜热电阻的优点是：价格便宜，易于提纯，复制性好，在测温范围内线性度极好，其电阻温度系数比铂电阻高，但其电阻率较铂热电阻小。其缺点是：当温度高于 150 ℃时，易氧化、测量范围小，电阻率小而体积大，不适于在腐蚀性介质或高温下工作。

3. 镍热电阻

镍热电阻的测温范围为 -100 ℃ ~ 300 ℃，它的电阻温度系数较高、电阻率也较大。但它易氧化、化学稳定性差、不易提纯、复制性差、非线性较大，故电阻温度系数较高，目前应用不多。

工业用几种主要热电阻材料特性如表 2 -1 所示。

表 2 -1　工业用几种主要热电阻材料特性

材料名称	$\rho /\ (\Omega \cdot mm^2 \cdot m^{-1})$	测温范围/℃	电阻丝直径/mm	特性
铂	0.098 1	-200 ~ 850	0.03 ~ 0.07	近似线性，性能稳定，精度高可作标准测温装置
铜	0.07	-50 ~ 150	0.1	线性，测温范围窄，低温测量
镍	0.12	-100 ~ 300	0.05	近似线性，超过 180 ℃时易氧化

近年来低温和超高温测量方面，开始采用一些较为新颖的热电阻，例如铑铁电阻、铟电阻、锰电阻和碳电阻等。铑铁电阻是以含 0.5% 摩尔铁原子的铑铁合金丝制成的，具有较高的灵敏度和稳定性，重复性较好；铟电阻是一种高精度低温热电阻，在 4.2 ~ 15 K 温域内其灵敏度比铂热电阻高 10 倍，故可以用于铂热电阻不能使用的测温范围。

2.2.3 金属热电阻的结构

铂热电阻的感温元件是用纯度高达 99.995% ~ 99.9995% 的直径为 0.03 ~ 0.07 mm 的铂丝，按一定规律绕在云母绝缘片上制成，云母片边缘有锯齿缺口，铂丝绕在齿缝内以防短路，绕组的两面再以云母片绝缘，用银导线作为引出线。工业用铂热电阻体的结构如图 2 - 1 所示。

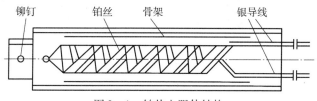

图 2 - 1 铂热电阻体结构

铜热电阻的感温元件通常用直径为 0.1 mm 的漆包线或丝包线，采用双线并绕在绝塑材料圆柱形骨架上，线外再浸以酚醛树脂起保护作用，以镀银铜线作引出线。其结构如图 2 - 2 所示。

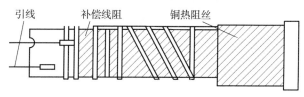

图 2 - 2 铜热电阻体结构

热电阻传感器的结构主要有普通型、铠装型、端面型、隔爆型等。

1. 普通型热电阻

普通型热电阻由感温元件、引线、绝缘材料、不锈钢套管组成，如图 2 - 3 所示。

2. 铠装型热电阻

铠装型热电阻是由感温元件（电阻体）、引线、绝缘材料、不锈钢套管组合而成的坚实体，它的外径一般为 2 ~ 8 mm，电阻体一般大于 60 mm。与普通型热电阻相比，它有下列优点：

（1）体积小，内部无空气隙，热惯性大，测量滞后小。

（2）机械性能好、耐振、抗冲击。

（3）能弯曲，便于安装。

（4）使用寿命长。

铠装型热电阻结构如图 2 - 4 所示。

图 2 – 3　普通型热电阻结构示意图

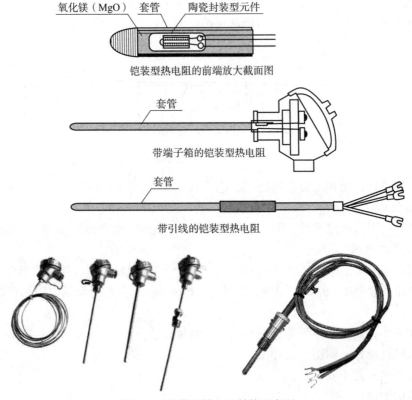

图 2 – 4　铠装型热电阻结构示意图

3. 端面型热电阻

端面型热电阻的感温元件由特殊处理的电阻丝材绕制，紧贴在温度计端面，它与一般轴向热电阻相比，能更正确和快速地反映被测端面的实际温度，适用于测量轴瓦和其他机件的端面温度。其结构如图2-5所示。

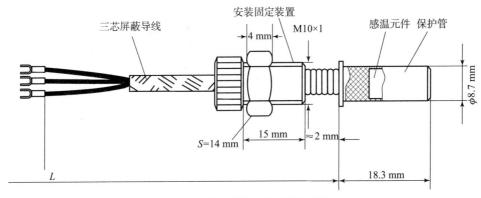

图2-5 端面型热电阻结构示意图

4. 隔爆型热电阻

隔爆型热电阻通过特殊结构的接线盒，把其外壳内部爆炸性混合气体因受到火花或电弧等影响而发生的爆炸局限在接线盒内，使生产现场不会引起爆炸。隔爆型热电阻可用于B1a~B3c级区内具有爆炸危险场所的温度测量。如图2-6所示为隔爆型热电阻。

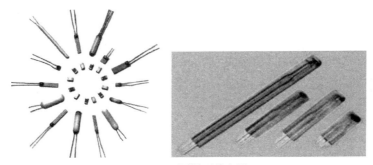

图2-6 隔爆型热电阻

2.2.4 热敏电阻

热敏电阻是由金属氧化物的粉末按照一定比例烧结而成的温度敏感元件，其电阻率随温度的变化而显著变化。热敏电阻于1940年研制成功，60年代成为工业用温度传感器，70年后作为温度传感器大量应用于家电及汽车；目前已深入到各个领域，发展极为迅速。

一、热敏电阻的工作原理

半导体热敏电阻参加导电的是载流子（为自由电子和空穴两种异性电荷），由于半导体中的载流子数目要比原子的数目少几千倍到几万倍，相邻自由电子之间的距离是原子之间距离的几十倍到几百倍，所以在一般情况下它的电阻值很大。当温度升高时，半导体中更多的价电子获得热能而激发，挣脱核束缚成为载流子，因而参加导电的载流子数目增加了，所以，半导体的电阻值随温度升高而急剧减小，且按指数规律下降，呈非线性。热敏电阻与热电阻的温度特性如图2-7所示。

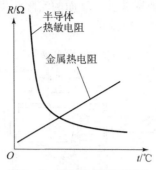

图 2 - 7　热敏电阻温度特性

　　热敏电阻正是利用半导体这种载流子数随温度变化而显著变化的特性制成的一种温度敏感元件。在一定的测温范围内，根据所测量的热敏电阻值的变化，便可知被测介质的温度变化。

二、热敏电阻的结构形式

　　热敏电阻是由一些金属氧化物，如钴、镍、锰等的氧化物，采用不同的比例配方，经高温烧结而成，然后采用不同的封装形式制成珠状、片状、杆状、垫圈状等各种形状，其结构形式如图 2 - 8 所示。它主要由热敏元件、引线和壳体三部分组成。

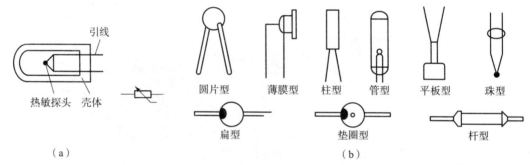

图 2 - 8　热敏电阻的结构、符号及种类
（a）热敏电阻的结构与符号；（b）热敏电阻的种类

　　热敏电阻的种类很多，分类方法也不相同。根据热敏电阻的阻值与温度关系这一重要特性可将其分为 3 种类型：负温度系数热敏电阻（NTC）、正温度系数热敏电阻（PTC）和临界温度热敏电阻（CTR），它们的特性曲线如图 2 - 9 所示。

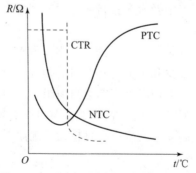

图 2 - 9　不同类型热敏电阻的温度特性

1. 负温度系数热敏电阻（NTC）

电阻值随着温度升高而减小的电阻，称为负温度系数热敏电阻（NTC）。温度越高，阻值越小，且有明显的非线性，大多数热敏电阻均为负温度系数的。NTC 热敏电阻一般采用负电阻温度系数很大的固态多晶半导体氧化物的混合物制成。例如铜、铁、铝、锰、钴、镍、铼等氧化物，取其中两种或两种以上，按一定的比例混合进行研磨后，烧结成坚固的整块，最后烧上金属粉末，作为焊接引线的接触点。改变这些混合物的成分和配比，就可获得测温范围、阻值和温度系数不同的 NTC 热敏电阻。温度低时，这些氧化物材料的载流子（电子和空穴）数目少，所以其电阻值较高；随着温度的升高，载流子数目增加，所以电阻值降低。NTC 热敏电阻具有很高的负电阻温度系数，特别适用于 –100 ℃ ~ 300 ℃内测温。

2. 正温度系数热敏电阻（PTC）

电阻值随温度升高而减小，但过某一温度后急剧增加的电阻称为正温度系数热敏电阻（PTC）。它的基本材料是强电介质材料钛酸钡（$BaTiO_3$），在掺杂后具有导电性。其电阻值朝正的方向快速变化。这类电阻材料是陶瓷材料，在室温下是半导体，所以又称为铁电半导体陶瓷。其用途主要是用于彩电消磁、各种电气设备的过热保护等。

PTC 热敏电阻除了用作加热元件外，同时还能起到"开关"的作用，兼有敏感元件、加热器和开关三种功能，称之为"热敏开关"。电流通过元件后引起温度升高，即发热体的温度上升，当超过居里点温度后，电阻值增大，从而电流减小，于是电流的下降导致元件温度降低，电阻值的减小又使电路电流增大，元件温度升高，周而复始，因此既具有使温度保持在特定范围的功能，又起到开关作用。利用这种温度特性可做成加热源，作为加热元件应用的有暖风器、电烙铁、烘衣柜、空调等，还可对电器起到过热保护作用。

3. 临界温度热敏电阻（CTR）

当温度接近某一数值（约 68 ℃）时，电阻率下降产生突变的电阻，称为临界温度热敏电阻（CTR）。突变数量级为 2 ~ 4。CTR 热敏电阻是以三氧化二钒与钡、硅等氧化物，在磷、硅氧化物的弱还原气体中混合烧制而成，呈玻璃状。通常，CTR 热敏电阻用树脂包封成珠状或厚膜形使用，其阻值在 1 kΩ ~ 10 MΩ。它随温度变化的特性，不能像 NTC 热敏电阻那样用于宽范围内的温度控制，只能在特定温区内实现温度控制。CTR 能够应用于控温报警等场合，主要用作温度开关。

2.2.5 热电阻测量电路

采用热电阻作为测温元件时，将温度的变化转化为电阻的变化，即对温度的测量转化为对电阻值的测量。一般以热电阻作为电桥的一臂，通过电桥把电阻的变化转变为电压的变化，再由动圈式仪表直接测量或经放大器输出实行自动测量或记录。

热电阻测温时，需要电源，要求电源为恒流源或恒压源，并且热电阻上的工作电流不能大，否则自热引起温度升高影响结果。在与仪表或放大器连接时主要有 3 种引线方式：二线制、三线制和四线制接法。

1. 二线制

在热电阻的两端各连接一根导线的连接方式称为二线制。这种引线方法简单，但由于连接导线必然存在引线电阻 r，r 大小与导线的材质和长度等因素有关，且随环境温度变化，造成测量误差。因此这种引线方式只适用于测量精度较低的场合。如图 2 – 10 所示为热电阻的二线制接法。

2. 三线制

在热电阻根部的一端连接一根引线，另一端同时接两根引线的方式称为三线制。这种方式通常与电桥配套使用，热电阻作为电桥的一个桥臂电阻，其连接导线也作为桥臂电阻的一部分。将一根导线连接到电桥的电源端，其余两根分别接到热电阻所在的桥臂及与其相邻的桥臂上。这种方法可以较好地消除引线电阻的影响，是工业过程控制中最常用的接线方法，如图 2–11 所示。

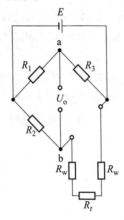

图 2–10　热电阻的二线制接法

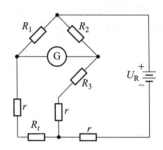

图 2–11　热电阻的三线制接法

3. 四线制

所谓四线制就是在热电阻两端各用两根导线连到仪表上。其中两根引线为热电阻提供恒定电流 I，把热电阻信号转换成电压信号，再通过另两根引线把电压信号引至二次仪表。这种引线方式可完全消除引线电阻的影响，主要用于高精度的温度检测。其接线方式如图 2–12 所示。

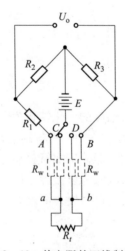

图 2–12　热电阻的四线制接法

2.3　项 目 实 施

2.3.1　任务分析

利用导体电阻随温度变化的特性，热电阻用于测量时，要求其材料电阻温度系数大，稳定性好，电阻率高，电阻与温度之间最好有线性关系。当温度变化时，感温元件的电阻值随温度而变化，这样就可将变化的电阻值通过测量电路转换为电信号，即可得到被测温度。

实验仪器：智能调节仪、Pt100（2只）、温度源、温度传感器实验模块。

2.3.2　实施步骤

（1）将控制台上的"智能调节仪"单元中的"控制对象"选择为"温度"，并按图2-13接线。

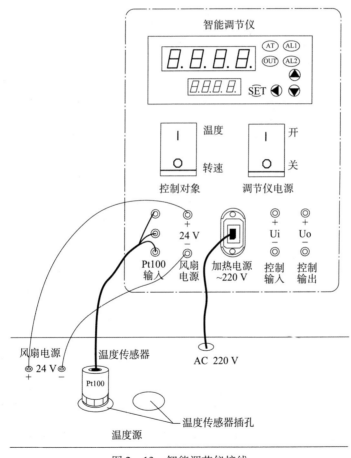

图2-13　智能调节仪接线

（2）将2～24 V输出调节调到最大位置，打开调节仪电源。

（3）并根据控制理论来修改不同的P、I、D、T参数。

（4）将温度控制在50 ℃，在另一个温度传感器插孔中插入另一只铂热电阻温度传感器Pt100。

（5）将±15 V直流稳压电源接至温度传感器实验模块。温度传感器实验模块的输出 U_{o2} 接主控台直流电压表。

（6）将温度传感器实验模块上差动放大器的输入端 U_i 短接，调节电位器 R_{w4} 使直流电压表显示为零。

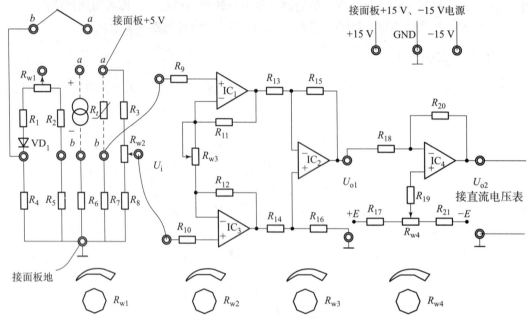

图2-14　温度传感器实验模块电路图

（7）按图2-14接线，并将Pt100的3根引线插入温度传感器实验模块中 R_t 两端（其中颜色相同的两个接线端是短路的）。

（8）拿掉短路线，将 R_6 两端接到差动放大器的输入 U_i，记下模块输出 U_{o2} 的电压值。

（9）改变温度源的温度，每隔5 ℃记下 U_{o2} 的输出值，直到温度升至120 ℃。并将实验结果填入表2-2中。

表2-2　实验数据记录

$T/℃$													
U_{o2}/V													

根据表2-2的实验数据，作出 $U_{o2}-T$ 曲线，分析Pt100的温度特性曲线，计算其非线性误差。

2.4 知 识 拓 展

温度测量仪表按照测温方式可分为接触式和非接触式两大类；按照用途可分为基准温度计和工业温度计；按照工作原理可分为膨胀式、电阻式、热电式、辐射式等；按输出方式可分为自发电型、非电测型等。

接触式测温仪表比较简单、可靠、测量精度较高。但因其测温元件与被测介质需要进行充分的热交换，需要一定的时间才能达到热平衡，所以存在测温的迟延现象，同时受耐热高温材料的限制，不能应用于很高温度的测量。

非接触式仪表测温是通过热辐射原理来测量温度的，测温元件不需与被测介质接触，测温范围广，不受测温上限的限制，也不会破坏被测物体的温度场，反应速度一般也比较快。但受到物体的发射率、测量距离、烟尘和水汽等外界因素的影响，其测量误差较大。

常用的工业用测温方法有以下几种：

（1）应用热膨胀原理测温。利用液体或固体受热时产生热膨胀的原理，可以制成膨胀式温度计，如玻璃液体温度计、双金属温度计等。

（2）应用压力随温度变化的原理测温。利用封闭在固定体积中的气体、液体或某种液体的饱和蒸汽受热时，其压力会随着温度而变化的性质，制成压力式温度计。

（3）应用热阻效应测温。利用导体或半导体的电阻随温度变化的性质，可制成热电阻式温度计，如铂热电阻、铜热电阻和半导体热敏电阻温度计等。

（4）应用热点效应测温。两种不同的导体形成的热电偶，其回路输出电势与两接点处温度有关。利用热电效应制成的热电偶温度计在工业生产中使用广泛。

（5）应用热辐射原理测温。利用物体辐射能随温度变化的性质可以制成辐射温度计。由于测温元件不与被测介质相接触，故属于非接触式温度计。

我们可以根据成本、精度、测温范围及被测对象的不同，选择不同的温度测量仪表。

2.5 应 用 拓 展

温度的测量在工业中较为普遍，测温仪表的种类也很多。在使用膨胀式温度计、压力表式温度计、热电偶及热电阻等接触式温度计时，都会遇到仪表的安装问题。在仪表的安装中，如不符合要求，往往使测量不准，甚至会影响生产。接触式温度计在管道设备上的安装图例可参阅有关仪表的安装手册。

为确保测量的准确性，感温元件的安装基本上应按下列要求进行。

（1）感温元件与被测介质能进行充分的热交换。由于是利用接触式温度计的感温元件与被测介质进行热交换而测温的，因此，必须使感温元件与被测介质能进行充分的热交换，不应把感温元件插至被测介质的死角区域。

在管道中，感温元件的工作端应处于管道流速最大处。例如：膨胀式温度计应使测温点（如水银球）的中心置于管道中心线上；热电偶保护管的末端应越过流束中心线 5 ~ 10 mm；

热电阻保护管的末端应越过流束中心线，铂电阻为 50~70 mm，铜电阻为 25~30 mm；压力表式温度计的温包中心应与管道中心线重合。

（2）感温元件应与被测介质形成逆流。安装时，感温元件应迎着介质流向插入，至少与被测介质流向成 90° 角，非不得已时，切勿与被测介质形成顺流，否则容易产生测温误差。

（3）避免热辐射所产生的测量误差。在温度较高的场合，应尽量减少被测介质与设备表面间的温度差。在安装感温元件的地方，如果器壁暴露于空气中，应在其表面包一层绝热层，以减少热量损失。必要时，可在感温元件与器壁之间加装防辐射罩，以消除感温元件与器壁间的直接辐射作用。

（4）避免感温元件外露部分的热损失所产生的测温误差。例如用热电偶测量 500 ℃ 左右的介质温度时，当热电偶的插入深度不足，且外露部分置于空气流通之处时，由于热量的散失，所测出的温度值往往会比实际值偏低 3 ℃~4 ℃。对于工艺管道，为增加插入深度，可将感温元件斜插安装。若能在管路轴线方向安装（即在弯管处安装），则可保证最大的插入深度。若安装感温元件的工艺管径过小时，应接装扩大管。

（5）避免热电偶与火焰直接接触，否则必然会使测量值偏高。同时，应避免把热电偶装置在炉门旁或与加热物体距离过近，其接线盒不应碰到被测介质的器壁，以免热电偶冷端温度过高。

（6）感温元件安装于负压管道、设备中（如烟道）时，必须保证其密封性，以免外界冷空气袭入，降低测量指示值，也可用绝热物质（如耐火泥或石棉绳）堵塞空隙。

（7）安装压力表式温度计的温包时，除要求其中心与管道中心重合外，还应将温包自上而下垂直安装，同时毛细管不应受拉力，不应有机械损伤。

（8）热电偶、热电阻的接线盒出线孔应向下，以防因密封不良而使水汽、灰尘或脏物等落入接线盒中影响测量。

（9）水印温度计只能垂直或倾斜安装，同时需观察方便，不得水平安装（直角形水印温度计除外），更不得倒装（包括倾斜安装）。

2.6 思考与练习

2.1 金属电阻在外力的作用下发生机械变形，导致其_____发生变化是金属电阻应变片工作的物理基础。

2.2 导体或半导体材料在外界力的作用下产生机械变形时，其电阻值发生相应变化的现象，称为（   ）。

A. 应变效应   B. 光电效应   C. 压电效应   D. 霍尔效应

2.3 将电阻应变片贴在（   ）上，就可以分别做成测力、位移、加速度等参数的传感器。

A. 质量块   B. 导体   C. 弹性元件   D. 机器组件

2.4 应变测量中，希望灵敏度高、线性好、有温度自补偿功能，应选择（   ）测量转换电路。

A. 单臂半桥   B. 双臂半桥   C. 四臂全桥   D. 独臂

2.5 热电阻是利用导体的电阻率随温度的变化这一物理现象来测量温度的。几乎所有的物质都具有这一特性，但作为测温用的热电阻应该具有以下特性。（   ）

A. 电阻值与温度变化具有良好的线性关系

B. 电阻温度系数大，便于精确测量

C. 电阻率高，热容量小，反应速度快

D. 在测温范围内具有稳定的物理性质和化学性质

E. 材料质量要纯，容易加工复制，价格便宜

F. 应具有 A、B、C、D、E 全部特性

2.6 热电阻测量转换电路采用三线制是为了（   ）。

A. 提高测量灵敏度   B. 减小非线性误差

C. 提高电磁兼容性   D. 减小引线电阻的影响

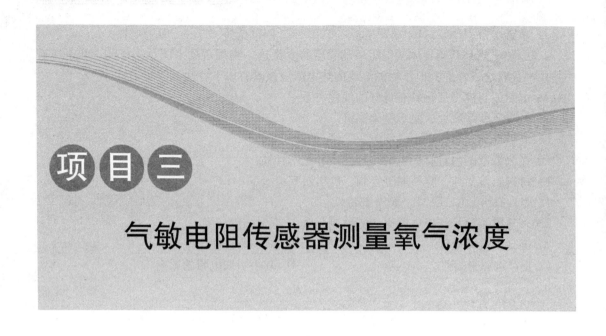

项　目　三

气敏电阻传感器测量氧气浓度

3.1　项目描述

　　我们生活在气体的环境中，气体与我们的日常生活密切相关。我们对气体的感知是利用鼻子这个器官，而气敏传感器的作用就相当于我们的鼻子，可"嗅"出空气中某种特定的气体或判断特定气体的浓度，从而实现对气体成分的检测和监测，以改善人们的生活水平，保障人民的生命安全。需要检测的气体种类繁多，它们的性质也各不相同，所以不可能用一种方法来检测所有气体。对气体的分析方法也随气体的种类、成分、浓度和用途而异。能够将气体浓度和成分转换为电信号的器件，称为气敏电阻。气敏电阻一般应用于环境监测和工业过程检测。

　　在现代社会的生产和生活中，人们往往会接触到各种各样的气体，需要对它们进行检测和控制。比如化工生产中气体成分的检测与控制；煤矿瓦斯浓度的检测与报警；环境污染情况的监测；煤气泄漏检测；火灾报警；燃烧情况的检测与控制等。生活中常用的传感器有：测量饮酒者呼气中酒精含量的传感器、测量汽车空燃比的氧气传感器、家庭和工厂用的煤气泄漏传感器、刚发生火灾之后测量建筑材料发出的有毒气体传感器、坑内沼气警报器等。

3.1.1　学习目标

知识目标：

（1）掌握气敏传感器的工作原理；

（2）熟悉气敏传感器的主要特性及分类；

（3）熟悉气敏传感器的结构及使用；

（4）了解气敏传感器的应用。

能力目标：

（1）能够对气敏传感器进行正确选型；

（2）能够正确安装和使用气敏传感器。

3.1.2　项目要求

随着人们生活水平的提高，驾驶汽车出行已成为一种常态，在安全驾驶方面潜在的危险是饮酒驾驶和醉酒驾驶。因此需要对饮酒状态进行测试，由此已经研制出了许多便携呼吸式酒精检测仪，如图 3-1 所示就是其中一种便携呼吸式酒精检测仪。分析其原理并制作一种简易酒精检测仪。

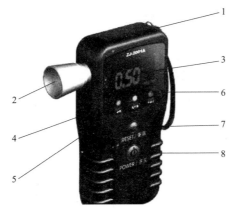

图 3-1　便携呼吸式酒精检测仪

1—出气口；2—吹气口；3—显示屏；4—绿色待机灯；

5—黄色电不足警告灯；6—不合格灯；7—重置按钮；8—开关按钮

3.2　知　识　链　接

气敏传感器是能够感知环境中某种气体及其浓度的一种敏感器件，它将气体种类及其浓度有关的信息转换成电信号，根据这些信号的强弱便可获得与待测气体在环境中存在情况的有关信息，从而可以进行检测、监控、报警，还可以通过接口电路与计算机或单片机组成自动检测、控制和报警系统。常用的主要有接触燃烧式气敏传感器、电化学式气敏传感器和半导体气敏传感器等。图 3-2 所示为常用的气敏传感器。

（a）　　　　　　　　　　　　　　（b）

图 3-2　常用气敏传感器

（a）可燃性气敏传感器；（b）酒精传感器

3.2.1　接触燃烧式气敏传感器

接触燃烧式气敏传感器的检测元件一般为铂金属丝（也可在表面涂铂、钯等稀有金属催化层），使用时对铂丝通以电流，保持 300 ℃ ~ 400 ℃ 的高温，此时若与可燃性气体接触，可燃性气体就会在稀有金属催化层上燃烧，因此，铂丝的温度会上升，铂丝的电阻值也上升，通过测量铂丝的电阻值变化的大小，就知道可燃性气体的浓度。

接触燃烧式气敏传感器的测量电路如图 3 – 3 所示。图中采用的是桥式电路。它是将铂丝阻值的变化转换为电压的变化，以达到测量气体的密度的目的。图中 R_1 是补偿元件，其作用是补偿可燃性气体接触燃烧以外的环境温度和电源电压变化等因素所引起的偏差。

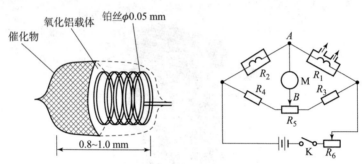

图 3 – 3　接触燃烧式气敏传感器结构及测量电路

如果在 A、B 两点间连接电流计或电压计，就可以测得 A、B 间的电位差 E，并由此求得空气中可燃性气体的浓度，若与相应的电路配合，就能在空气中当可燃性气体达到一定浓度时，自动发出报警信号。工作时，要求在 R_1 和 R_2 上保持有 100 ~ 200 mA 的电流通过，以供可燃性气体在检测元件 R_1 上发生氧化反应（接触燃烧）所需要的热量。

用高纯度的铂丝绕制成线圈，并具有适当的阻值（1 ~ 2 Ω），一般应绕 10 圈以上。在线圈外面涂以氧化铝和氧化硅组成的膏状涂覆层，干燥后在一定温度下烧结成球状多孔体。使用单纯的铂丝线圈作为检测元件，其寿命较短，所以，实际应用的检测元件都是在铂丝线圈外面涂覆一层氧化物触媒，这样既可以延长其使用寿命，又可以提高检测元件的相应特性。

接触燃烧式气敏传感器可用于坑内沼气、化工厂的可燃性气体量的探测，城市煤气泄漏报警，用于对半导体敏感元件不适合的空气污染厉害的餐馆等。

3.2.2　电化学式气敏传感器

电化学式气敏传感器一般利用液体（或固体、有机凝胶等）电解质，通过与被测气体发生反应并产生与气体浓度成正比的电信号来工作，其输出形式可以是气体直接氧化或还原产生的电流，也可以是离子作用于离子电极产生的电动势。这种气体传感器结构简单，选择性好，而且能快速响应，便于自动测量和控制。本节以氧化锆氧传感器为例来讲解。

氧化锆氧传感器是采用氧化锆固体电解质组成的氧浓度差电池来测氧含量的传感器。它是 20 世纪 60 年代才兴起的，属于固体离子学中的一个重要应用。这类氧传感器已在国内外广泛用于工业炉窑优化燃烧，产生了显著的节能效果；广泛用于汽车尾气测量，明显地改善了城市环境污染；广泛用于钢液测氧，大大提高了优质钢的质量和产量；广泛用于惰性气体中测氧，其灵敏度和测氧范围非其他氧量计可比。

在氧化锆电解质（ZrO$_2$ 管）的两侧分别烧结上多孔铂（Pt）电极，在一定温度（600 ℃以上）下，当电解质两侧氧浓度不同时，高浓度侧（空气）的氧分子被吸附到铂电极上，与电子（4e）结合形成氧离子 O^{2-}，使该电极带正电，O^{2-} 离子通过电解质中的氧离子空穴迁移到低氧浓度一侧的 Pt 电极上放出电子，转化成氧分子，使该电极带负电。这样在两个电极间便产生了一定的电动势，氧化锆电解质、Pt 电极及两侧不同氧浓度的气体组成氧探头即所谓氧化锆浓差电池。电动势和氧浓度差的关系式如下：

$$E = \frac{1}{nF}RT\ln \frac{P_{O_2}^{\Pi}}{P_{O_2}^{\mathrm{I}}} \qquad (3-1)$$

可见，如能测出氧探头的输出电动势 E 和被测气体的绝对温度 T，即可算出被测气体的氧分压（浓度）。在实际应用中，通过检测气体的氧电势及温度，通过以能斯特公式为基础的数学模型，就可以推算出被测气体的氧含量（百分比）。这就是氧化锆氧探头的基本检测原理。图 3-4 所示为多孔铂电极氧化锆传感器结构示意图。

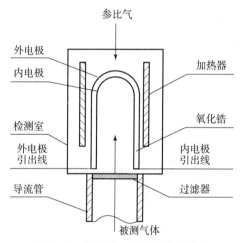

图 3-4　多孔铂电极氧化锆传感器

3.2.3　半导体气敏传感器

半导体气敏元件的敏感部分是金属氧化物微结晶粒子烧结体，当它的表面吸附有被测气体时，半导体微结晶粒子接触界面的导电电子比例就会发生变化，从而使气敏元件的电阻值随着被测气体的浓度改变而改变。电阻值的变化是伴随着金属氧化物半导体表面对气体吸附和释放而产生的，为了加速这种反应，通常要用加热器对气敏元件加热。半导体气敏元件有 N 型和 P 型之分。N 型在检测时阻值随气体浓度的增大而减小；P 型阻值随气体浓度的增大而增大。

以半导体材料 SnO$_2$ 为例，它属于 N 型半导体，吸附被测气体时电阻值变化曲线如图 3-5 所示。当半导体气敏传感器在结晶的空气中开始通电加热时，其电阻值急剧下降，电阻值变化的时间（响应时间）不到 1 min，然后上升，经 2~10 min 后达到稳定，这段时间为初始稳定时间，因为在 200 ℃~300 ℃温度下，SnO$_2$ 吸附空气中的氧，形成氧的负离子吸附，使半导体中的电子密度减少，从而使其电阻值增加。因此元件只有在达到初始稳定状态后才可用于气体检测。

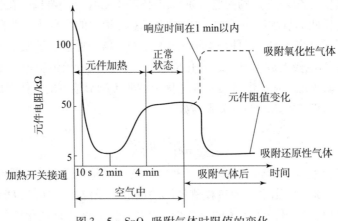

图 3 – 5 SnO$_2$ 吸附气体时阻值的变化

当阻值处于稳定值后，会随被测气体的吸附情况而发生变化，其电阻的变化规律视气体的性质而定，如果被测气体是氧化性气体（如 O$_2$），被吸附气体分子从气敏元件得到电子，使 N 型半导体中的载流子电子减少，因而电阻值增大，如图 3 – 5 中虚线所示。

若被测气体为还原性可燃性气体（如：H$_2$、CO、酒精等），原来吸附的氧脱附，而由可燃性气体以正离子状态吸附在金属氧化物半导体表面；氧脱附时放出电子，可燃性气体以正离子状态吸附也要放出电子，从而使氧化物半导体导带电子密度增加，电阻值下降。若可燃性气体不存在了，金属氧化物半导体又会自动恢复氧的负离子吸附，使电阻值升高到初始状态。

气敏电阻广泛应用于防灾报警，如可制成液化石油气、天然气、城市煤气、煤矿瓦斯以及有毒气体等方面的报警器；也可用于对大气污染进行监测，以及在医疗上用于对 O$_2$、CO$_2$ 等气体的测量。生活中则可用于空调机、烹饪装置、酒精浓度探测等方面。从检测角度来说，气敏电阻对气体的种类、传感器的灵敏度没有大的差异。例如能感测出乙醇的传感器，也能感测出氢气和一氧化碳的含量。通过改变制造传感器元件时的半导体烧结温度、半导体中的掺杂物、加热器的加热温度等，并将这些方法结合起来应用，能使气敏传感器具有对各种气体的识别能力。

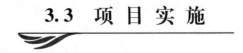

3.3 项目实施

3.3.1 任务分析

SnO$_2$（氧化锡）半导体气敏传感器属电阻型气敏元件，它是利用气体在半导体表面的氧化和还原反应导致敏感元件阻值发生变化的原理制成的。若气体浓度发生变化，则阻值发生变化，根据这一特性，可以从阻值的变化得知吸附气体的种类和浓度。因此，可以用氧化锡气敏传感器测量酒精的浓度。

3.3.2 实施步骤

（1）将气敏传感器夹持在差动变压器实验模板上，并将其固定在支架上。

（2）按图 3－6 接线，将气敏传感器红色接线端接 +5 V 加热电压，黑色接线端接地；电压输出选择 ±10 V，黄色线接 +10 V 电压、蓝色线接 R_{w1} 上端。

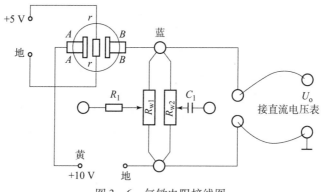

图 3－6　气敏电阻接线图

（3）将 ±15 V 直流稳压电源接入差动变压器实验模块中。差动变压器实验模块的输出 U_o 接主控台直流电压表。打开主控台总电源，预热 5 min。

（4）用浸透酒精的小棉球，靠近传感器，并吹气 2 次，使酒精挥发进入气敏传感器金属网内，观察电压表读数的变化。

3.3.3　课后思考

酒精检测报警，常用于交通片警检查有否酒后开车，若要制作这样一种传感器还需考虑哪些环节与因素？

3.4　知 识 拓 展

3.4.1　二氧化钛氧浓度传感器

半导体材料二氧化钛（TiO_2）属于 N 型半导体，对氧气十分敏感。其电阻值的大小取决于周围环境的氧气浓度。当周围氧气浓度较大时，氧原子进入二氧化钛晶格，改变了半导体的电阻率，使其电阻值增大。上述过程是可逆的，当氧气浓度下降时，氧原子析出，电阻值减小。图 3－7 所示是氧浓度传感器的外形图。

图 3－7　氧浓度传感器

如图 3-8 所示是用于汽车或燃烧炉排放气体中的氧浓度传感器结构图及测量转换电路。二氧化钛气敏电阻与补偿热敏电阻同处于陶瓷绝缘体的末端。当氧气含量减少时，TiO_2 气敏电阻的阻值减小。

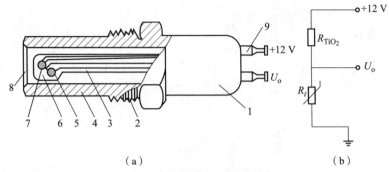

图 3-8　氧浓度传感器结构图及测量转换电路

（a）结构；（b）测量转换电路

1—外壳（接地）；2—安装螺栓；3—搭铁线；4—保护管；5—补偿电阻；

6—陶瓷片；7—TiO_2 气敏电阻；8—进气口；9—引脚

在图 3-8（b）中，与 TiO_2 气敏电阻串联的热敏电阻 R_t 起温度补偿作用。当环境温度升高时，TiO_2 气敏电阻的阻值会逐渐减小，只要热敏电阻 R_t 也以同样的比例减小，根据分压比定律，U_o 不受温度影响，减少了测量误差。事实上，热敏电阻 R_t 与 TiO_2 气敏电阻是相同材料制作的，只不过 R_t 是用陶瓷密封起来的，以免与燃烧尾气直接接触。

TiO_2 气敏电阻必须在上百度的高温下才能工作。汽车之类的燃烧器刚启动时，排气管的温度较低，TiO_2 气敏电阻无法工作，所以还必须在 TiO_2 气敏电阻外面套一个加热电阻丝（图中未画），进行预热已激活的 TiO_2 气敏电阻。

3.4.2　还原性气体传感器

所谓还原性气体就是在化学反应中能给出电子、化学价升高的气体。还原性气体多数属于可燃性气体，例如石油蒸气、酒精蒸气、甲烷、乙烷、煤气、天然气、氢气等。

测量还原性气体的气敏电阻一般是用 SnO_2、ZnO 或 Fe_2O_3 等金属氧化物粉料添加少量铂催化剂及其他添加剂，按一定比例烧结而成的半导体器件。图 3-9 所示是 MQN 型气敏电阻的结构及测量转换电路简图。

MQN 型气敏半导体器件是由塑料底座、电极引线、不锈钢网罩、气敏烧结体以及包裹在烧结体中的两组铂丝组成。一组铂丝为工作电极，另一组为加热电极兼工作电极。

气敏电阻工作时必须加热到 200 ℃~300 ℃，其目的是加速被测气体的化学吸附和电离的过程并烧去气敏电阻表面的污物（起清洁作用）。

气敏电阻的工作原理十分复杂，涉及材料的微晶结构、化学吸附及化学效应，有不同的解释模式。简单地说，当 N 型半导体的表面在高温下遇到离解能较小（易失电子）的还原性气体（可燃性气体）时，气体分子中的电子将向气敏电阻表面转移，使气敏电阻中的自由电子密度增加，电阻率下降，电阻减小。还原性气体浓度越高，电阻下降就越多。这样，就把气体的浓度信号转换成电信号。气敏电阻使用时应尽量避免置于油雾、灰尘环境中，以免老化。

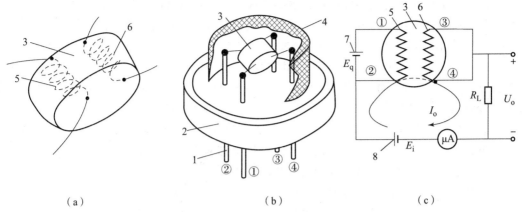

（a）　　　　　　　　　　　（b）　　　　　　　　　（c）

图 3 - 9　MQN 型气敏电阻的结构及测量转换电路简图

（a）气敏烧结体；（b）气敏电阻外形；（c）基本测量转换电路

1—引脚；2—塑料底座；3—烧结体；4—不锈钢网罩；5—加热电极；

6—工作电极；7—加热回路电源；8—测量回路电源

气敏半导体的灵敏度较高，在被测气体浓度较低时有较大的电阻变化，而当被测气体浓度较大时，其电阻率的变化逐渐趋缓，有较大的非线性。这种特性较适用于气体的微量检漏、浓度检测或超限报警。控制烧结体的化学成分及加热温度，可以改变它对不同气体的选择性。例如，制成煤气报警器，可对居室或地下数十米深处的漏点进行检漏。还可制成酒精检测仪，以防止酒后驾车。目前，气敏电阻传感器已广泛应用于石油、化工、电力、家居等各种领域。图 3 - 10 所示为 MQN 型气敏电阻对不同气体的灵敏度特性曲线。

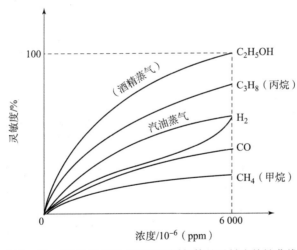

图 3 - 10　MQN 型气敏电阻对不同气体的灵敏度特性曲线

3.5　应 用 拓 展

石油化工生产过程中，所处理的油气介质都是易燃、易爆介质。生产工艺设备的密封失效或事故，会造成可燃性气体泄漏。为了避免爆炸、火灾事故的发生，需要用可燃性气体报警仪对危险区域的环境进行检测报警，并带动联锁装置自动开启风机，排除险情。

可燃性气体报警仪，目前常用催化燃烧式和半导体气敏式两种，一般由探测器和报警控制器组成。探测器的作用是把可燃性气体的浓度转换成电信号。控制器有供电电源、信号处理和控制电路，一方面对传感器提供电源；另一方面把传感器送来的信号放大、处理、显示或报以探测器进行零点校准、灵敏度校准、高/低限报警值的设定。

可燃性气体报警仪有手持式、固定式两类，工业现场一般采用固定式。手持式报警仪由电池供电，便于携带，一般用于移动检查、检验。固定式报警仪有一个探测器配一个控制器的点式，也有一个控制器配多个探测器的多通道式。

可燃性气体报警仪的主要技术指标如下：

（1）检测气体：液化石油气、油制气、天然气、酒精、甲烷等可燃气体。

（2）测量范围：0 ~ 100% LEL。

（3）分辨率：1% LEL。

（4）精度：≤ ±5% LEL。

（5）响应时间：≤30 s。

（6）传感器使用寿命：三年（典型值）。

（7）使用环境：-40 ℃ ~70 ℃，相对湿度≤90%。

探测器都是通过扩散方式采样的，所以必须使气敏元件接触到目标气体才行。因而，探测器安装的原则就是安装在最大可能探测到目标气体的位置。以下因素是安装时必须考虑的：

（1）检测天然气、甲烷等比空气轻的可燃气体时，其安装高度宜高出释放源0.5 ~ 2 m，且与释放源的水平距离宜小于 5 m。

（2）检测液化石油、油制气、酒精等比空气重的可燃气体时，其安装高度应距地面0.3 ~ 0.6 m，且与释放源的水平距离为 5 m 之内。

（3）空气的流动会导致目标气体散失，探测器应安装在目标气体易于积聚的地方。

因此，探测器选点应选择阀门、管道接口、出气口等易泄漏处附近方圆 1 m 的范围内，尽可能靠近。同时尽量避免高温、高湿环境，要避开外部影响，如溅水、油及其他造成机械损坏的可能性。同时应考虑便于维护、标定。

传感器灵敏度会受到使用时间的影响，定期对探测器进行校准是十分必要的。校准必须由专业人员在有标准气体的条件下按以下步骤进行：

（1）开启控制器电源，预热 10 min，带探测器进入稳定工作状态时，在洁净空气中标定零点，调至指示 0%。

（2）将标准气（一般用 50% LEL 甲烷气体或其他标准气体）瓶、流量计及校验罩用气管接好后，打开气瓶开关，调节流量计调节钮，使气体流速为 0.2 ~ 0.3 L/min，约 1 min 后调整控制器使之指示 50% LEL。

（3）为了保证探测器的准确性，建议每半年进行灵敏度校准。

3.6 思考与练习

3.1 MQN气敏电阻可测量_____。TiO_2气敏电阻可测量_____。

3.2 MQN气敏电阻使用时一般随气体浓度增加，电阻（　　）。

A. 减小 　　　　　　　B. 增大 　　　　　　　C. 不变

3.3 TiO_2气敏电阻使用时一般随气体浓度增加，电阻（　　）。

A. 减小 　　　　　　　B. 增大 　　　　　　　C. 不变

3.4 MQN气敏电阻可测量（　　）的浓度，TiO_2气敏电阻可测量（　　）的浓度。

A. CO_2 　　　　　　　B. O_2 　　　　　　　C. 气体打火机间的有害气体

3.5 湿敏电阻利用交流电作为激励源是为了（　　）。

A. 提高灵敏度 　　　B. 防止产生极化、电解作用 　　　C. 减小交流电桥平衡难度

湿敏电阻传感器测量浴室湿度

4.1 项目描述

在工农业生产、气象、环保、国防、科研、航天等部门，经常需要对环境湿度进行测量和控制。但在常规的环境参数中，湿度是最难准确测量的一个参数，这是因为测量湿度要比测量温度复杂得多，温度是个独立的被测量，而湿度却受其他因素（大气压强、温度）的影响。例如，农业生产中植物要求高湿度环境；空调系统除了调节温度以外，还要控制相对湿度在一定的范围内，才使人感觉舒适；浴室的湿度很大，若湿敏电阻传感器的镜面有水汽，则无法发挥其功能。因此湿度的检测和控制是十分重要的。

4.1.1 学习目标

知识目标：

（1）掌握湿度的表示方法和湿敏传感器的主要特性；

（2）熟悉半导体陶瓷湿敏传感器、有机高分子湿敏传感器的基本结构。

能力目标：

（1）能够识别湿敏传感器；

（2）能够安装及使用湿敏传感器测量湿度。

4.1.2 项目要求

随着社会的发展和生活水平的提高，湿度在日常生活中的应用越来越重要，在加湿、除湿、美容养颜、自动控制、生物培养、室内检测等许多的家电应用中起着非常明显的作用。试验表明，当空气的相对湿度为 50% ~60% 时，人体感觉最为舒适，也不容易引起疾病；当空气湿度高于65%或低于38%时，微生物繁衍滋生最快；当相对湿度在45%～55%时，病菌的死亡率较高，人体皮肤会感到舒适，呼吸均匀正常。因此测量空气中的湿度很有必要。

4.2　知　识　链　接

有关湿度测量，早在16世纪就有记载。许多古老的测量仪器，如干湿球温度计、毛发湿度计和露点计等至今仍被广泛采用。现代工业技术要求高精度、高可靠性和连续地测量湿度，因而陆续出现了种类繁多的湿敏传感器，按其元件输出的电学量可分为电阻式、电容式、频率式等；按其探测功能可分为相对湿度、绝对湿度、结露和多功能式四种；按其使用材料可分为陶瓷式、有机高分子式、半导体式、电解质式等。

4.2.1　湿度的定义

湿度是指大气中水蒸气的含量，是表明大气的干燥程度的物理量。在一定的温度下在一定体积的空气里含有的水汽越少，则空气越干燥，水汽越多，则空气越潮湿。空气的干湿程度叫作"湿度"。在此意义下，通常用绝对湿度、相对湿度和露点等物理量来表示。

1. 绝对湿度

绝对湿度是在一定的温度和压力下，单位体积的混合气体中所含水蒸气的质量。它是大气干湿程度的物理量的一种表示方式。通常采用1 m³空气内所含有的水蒸气的克数来表示。水蒸气的压强是随着水蒸气的密度的增加而增加的，所以，空气里的绝对湿度的大小也可以通过水汽的压强来表示。由于水蒸气密度的数值与以毫米高水银柱表示的同温度饱和水蒸气压强的数值很接近，故也常以水蒸气的毫米高水银柱的数值来计算空气的干湿程度。

2. 相对湿度

相对湿度是表示空气中所含水蒸气密度与同温度下饱和水蒸气密度的百分比值。空气的干湿程度与空气中所含有的水汽量接近饱和的程度有关，而与空气中含有水汽的绝对量却无直接关系。例如，空气所含有的水汽的压强相同时，在炎热的夏天中午，气温35 ℃左右，人们并不感到潮湿，因此时离水汽饱和气压还很远，物体中的水分还能够继续蒸发；而在较冷的秋天，大约15 ℃，人们却会感到潮湿，因这时的水汽压已经达到过饱和，水分不但不能蒸发，而且还要凝结成水，所以我们把空气中实际所含有的水汽的密度与同温度时饱和水汽密度的百分比叫作相对湿度，也可以用水汽压强的比来表示。

3. 露点

在一定大气压下，将含有水蒸气的空气冷却，当温度下降到某一特定值时，空气中的水蒸气达到饱和状态，开始从气态变成液态而凝结成露珠，这种现象称为结露，这一特定的温度就成为露点温度。

4.2.2　湿敏电阻传感器

湿敏电阻是利用湿敏材料吸收空气中的水分而导致本身电阻值发生变化这一原理制成的。湿敏电阻有不同的结构形式，常用的有金属氧化陶瓷湿敏电阻、金属氧化物膜型湿敏电阻、高分子材料湿敏电阻。

41

1. 金属氧化物陶瓷湿敏传感器

陶瓷湿敏电阻传感器的核心部分是用铬酸镁－氧化钛（$MgCr_2O_4 - TiO_2$）等金属氧化物以高温烧结工艺制成的多孔陶瓷半导体。其气孔率高达25%以上，具有 1 μm 以下的细孔分布。与日常生活中常用的结构紧密的陶瓷相比，其接触空气的表面显著增大，所以水蒸气极易被吸附于表面及空隙之中，使其电导率下降。当相对湿度从1% RH 变化到95% RH 时，其电阻率的变化高达 4 个数量级以上，所以在测量电路中必须考虑采用对数压缩手段。图 4－1 所示为陶瓷湿敏传感器特性曲线。

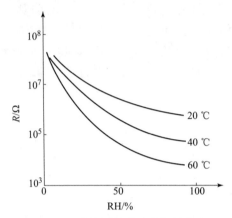

图 4－1　陶瓷湿敏传感器特性曲线

多孔陶瓷置于空气中易被灰尘、油烟污染，从而使感湿面积下降。如果将湿敏陶瓷加热到400 ℃以上，就可使污物挥发或烧掉，使陶瓷恢复到初期状态，所以必须定期给加热丝通电。陶瓷湿敏传感器吸湿快（10 s 左右），而脱湿要慢许多，从而产生滞后现象，称为湿滞。当吸附的水分子不能全部脱出时，会造成重现性误差及测量误差。有时可用重新加热脱湿的方法来解决。即每次使用前应先加热 1 min 左右，待其冷却至室温后，方可进行测量。陶瓷湿敏电阻的湿度——电阻的标定比温度传感器的标定困难得多。它的误差较大，稳定性也较差，使用时还应考虑温度补偿（温度每上升 1 ℃，电阻下降引起的误差约为1% RH）。陶瓷湿敏电阻应采用交流供电（例如 50 Hz）。若长期采用直流供电，会使湿敏材料极化，吸附的水分子电离，导致灵敏度降低，性能变坏。

2. 金属氧化物膜型湿敏传感器

Cr_2O_3、Fe_2O_3、Fe_3O_4、Al_2O_3、Mg_2O_3、ZnO 及 TiO_2 等金属氧化物的细粉吸湿后导电性增加，电阻下降，吸附或释放水分子的速度比上述多孔陶瓷快许多倍。

在陶瓷基片上先制作钯金梳状电机，然后采用丝网印刷等工艺，将调制好的金属氧化物糊状物印刷在陶瓷基片上。采用烧结或烘干的方法使之固化成膜。这种膜在空气中能吸附或释放水分子，而改变其自身的电阻值。通过测量两电极间的电阻值即可检测相对湿度。响应时间小于 1 min。

3. 高分子湿敏传感器

高分子电阻湿敏传感器是目前发展迅速、应用较广的一类新型湿敏电阻传感器。它的外形与金属氧化物膜型湿敏传感器相似，只是吸湿材料用可吸湿电离的高分子材料制作。例如，高氯酸锂－聚氯乙烯、有亲水基的有机硅氧烷、四乙基硅烷的共聚膜等。

高分子湿敏电阻具有响应快、线性好、成本低等特点。

4.3 项目实施

4.3.1 任务分析

一般在常温洁净环境、连续使用的场合，应选用高分子湿敏传感器，这类传感器精度高、稳定性好；在高温恶劣环境，应选用加热清洗的陶瓷湿敏传感器，这类传感器耐高温，通过定期清洗能除去吸附在敏感体表面的灰尘、气体、油污等杂物，使性能恢复。

4.3.2 实施步骤

（1）湿敏传感器实验装置如图4-2所示，红色接线端接+5 V电源，黑色接线端接地，蓝色接线端接频率/转速表输入端。频率/转速表选择频率挡。记下此时频率/转速表的读数。

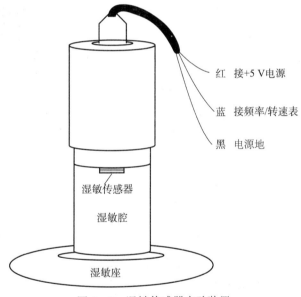

红 接+5 V电源

蓝 接频率/转速表

黑 电源地

湿敏传感器

湿敏腔

湿敏座

图4-2 湿敏传感器实验装置

（2）将湿棉球放入湿敏腔内，并插上湿敏传感器探头，观察频率/转速表的变化。

（3）取出湿纱布，待数显表示值下降回复到原示值时，在湿敏腔内壁放入部分干燥剂，同样将湿度传感器置于湿敏腔孔上，观察数显表头读数的变化。

输出频率f与相对湿度RH值的对应关系见表4-1，计算以上3种状态下空气的相对湿度。

表4-1 输出频率f与相对湿度RH值的对应关系

RH/%	0	10	20	30	40	50	60	70	80	90	100
f/Hz	7 351	7 224	7 100	6 976	6 853	6 728	6 600	6 468	6 330	6 186	6 033

4.4 应用拓展

电容式湿敏传感器是有效利用湿敏元件电容量随湿度变化而变化的特性进行测量的，通过检测其电容量的变化值，从而间接获得被测湿度的大小，其结构示意图如图4-3所示，湿敏电容一般是用高分子薄膜电容制成的，常用的高分子材料有聚苯乙烯、聚酰亚胺等。当环境湿度发生改变时，湿敏电容的介电常数发生变化，使其电容量也发生变化，其电容变化量与相对湿度成正比。湿敏电容的主要优点是灵敏度高、产品互换性好、响应速度快、湿度的滞后量小、便于制造、容易实现小型化和集成化，在实际中得到了广泛的应用，其精度一般比湿敏电阻要低一些。湿敏电容广泛应用于洗衣机、空调器、录音机、微波炉等家用电器及工业、农业等方面。

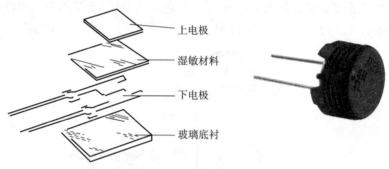

上电极

湿敏材料

下电极

玻璃底衬

图4-3 电容式湿敏传感器

除电阻式、电容式湿敏元件以外，还有电解质离子型湿敏元件、重量型湿敏元件（利用感湿膜重量的变化来改变振荡频率）、光强型湿敏元件、声表面波湿敏元件等。湿敏元件的线性度及抗污染性差，在检测环境湿度时，湿敏元件要长期暴露在待测环境中，很容易被污染而影响其测量精度及长期稳定性。

4.5 思考与练习

4.1 湿敏电阻利用交流电作为激励源是为了（　　）。

A. 提高灵敏度　　　B. 防止产生极化、电解作用　　　C. 减小交流电桥平衡难度

4.2 湿敏电阻传感器按结构形式分为＿＿＿＿＿、＿＿＿＿＿、＿＿＿＿＿。

电容式传感器测量水位

项目五

5.1 项 目 描 述

电容式传感器是将被测量非电量的变化转换为电容量变化的一种传感器，实际上，它的敏感部分就是一个可变电容器。它具有结构简单、灵敏度高、适应性强、抗过载能力强、温度稳定性好、动态性能好及价格低等特点，不但广泛应用于位移、加速度、振动、角度等机械量的精密测量，而且还可以实现压力、流量、物位、湿度及成分含量等参数的测量。但是电容式传感器的泄漏电阻和非线性等缺点也限制了它的应用，随着电子技术的发展，这些缺点逐渐得到了克服，现今电容式传感器的应用也非常广泛，有很大的发展潜力。

5.1.1 学习目标

知识目标：

(1) 掌握电容式传感器的工作原理及特性；

(2) 掌握电容式传感器的结构及测量电路；

(3) 熟悉电容式传感器的应用。

能力目标：

(1) 能够正确安装电容式传感器；

(2) 能够使用电容式传感器进行测量。

5.1.2 项目要求

液体液位的检测在工业生产、野外勘测、医疗检查和船舶航行中应用广泛，国内外采用的电子化和数字化等自动化技术和手段，旨在提高液位检测的准确性，随着科技的发展，检测技术更趋向智能化。液位的检测有浮体式、电容式、差压式、电极式、光纤液位式、超声波和核辐射式等多种检测方法。

工业生产和生活中经常用到水箱或油箱，在保持水位的自动抽水系统中，通常要用到液位传感器来进行水位的测量，一般采用电容式液位传感器来测量水箱液位。

本项目要求完成 CTS – DLQ 型射频电容式物位变送器的使用与调校。

5.2 知 识 链 接

电容式传感器利用将非电量的变化转换为电容量的变化来实现对物理量的测量，实质上它是一个具有可变参数的电容器。电容式传感器测量技术在近几年有了很大进展，其广泛应用于位移、振动、角度、加速度、压力压差、液面、成分含量的测量，具有结构简单、体积小、分辨率高、可进行非接触式测量等一系列优点，特别是与集成电路结合后，这些优点得到更进一步的体现。但易受到外界干扰产生不稳定现象。

5.2.1 电容式传感器的原理

以储存电荷为目的制成的电子元件称为电容器。电容式传感器是以各种类型的电容器作为敏感元件，将被测物理量的变化转换为电容量的变化，再由测量电路转换为电压、电流或频率，以达到检测的目的。

平板电容器由两块金属平行板作电极，如图 5 – 1 所示。两极板相互覆盖的有效面积为 S，两极板间的距离为 d，两极板间的介质介电常数为 ε，在忽略边缘效应的条件下，平板电容器的电容 C 为：

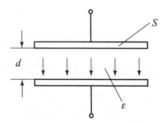

图 5 – 1 平板电容式传感器

$$C = \frac{\varepsilon S}{d} \tag{5 – 1}$$

式中 ε——电容极板间介质的介电常数；

        S——两平行板所覆盖的面积；

        d——两平行板之间的距离。

由式（5 – 1）可以看出，ε、S、d 三个参数都直接影响电容 C 的大小。如果保持其中两个参数不变，而使另外一个参数改变，则电容量就会发生变化，通过测量电路就会转换成电量输出，这就是电容式传感器的基本原理。根据发生变化的参数不同，电容式传感器可以分为 3 种：变面积型、变极距型和变介电常数型。

5.2.2 电容式传感器的类型

1. 变面积型电容式传感器

通常变面积型电容式传感器的两个极板中，一个是固定不动的，称为定极板；另一个是可移动的，称为动极板。当被测物体带动可动极板发生位移时，就改变了动极板与定极板之间的相互覆盖面积，从而引起电容量的变化。根据动极板相对于定极板的移动情况，变面积型电容式传感器又分为直线位移型和角位移型两种。

1）直线位移型电容式传感器

图 5-2（a）、（c）是直线位移型电容式传感器的示意图。当动极板移动 Δx 后，覆盖面积就发生了变化，电容量也随之改变。其灵敏度为：

$$K = \frac{\Delta C}{\Delta x} = -\frac{\varepsilon b}{d} \tag{5-2}$$

由式（5-2）可以看出，减小两极板间的距离 d，增加极板的宽度 b 可提高传感器的灵敏度。

2）角位移型电容式传感器

角位移型电容式传感器的工作原理如图 5-2（b）所示。当被测量的变化引起动极板有一角位移 θ 时，两极板间相互覆盖的面积发生变化，从而引起电容量的变化。其灵敏度为：

$$K = \frac{\Delta C}{\theta} = -\frac{C_0}{\pi} \tag{5-3}$$

可见，变面积型电容式传感器的电容变化是线性的，灵敏度是一个常数。变面积型电容式传感器常用来检测位移、振动等参量。为了提高传感器灵敏度，减小非线性误差，实际应用中多采用差动式结构，灵敏度可提高一倍，如图 5-2（d）所示。

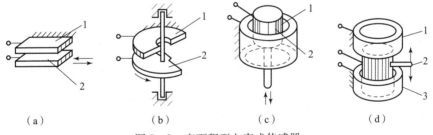

（a）　　　　　　　（b）　　　　　　　（c）　　　　　　　（d）

图 5-2　变面积型电容式传感器

1、3—定极板；2—动极板

2. 变极距型电容式传感器

变极距型电容式传感器的原理如图 5-3 所示。当 ε 和 S 不变，只改变电容两极板间的距离时，电容量发生变化。电容器由于受到外力作用，两极板间距减小了 Δd，此时，传感器的灵敏度为：

$$K = \frac{\Delta C}{\Delta d} = \frac{C_0}{d_0} = \frac{\varepsilon S}{d_0^2} \tag{5-4}$$

由式（5-4）可以得出，增大 S 和减小 d_0 都可提高传感器的灵敏度，但要受到传感器体积和击穿电压的限制，并且也会引起较大的非线性误差，差动结构的变极距型电容式传感器就可以解决这些问题。

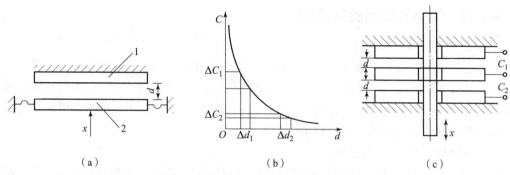

图 5 – 3 变极距型电容式传感器的原理

（a）结构示意图；（b）电容量与距离的关系；（c）变极距差动电容

1—定极板；2—动极板

3. 变介电常数型电容式传感器

当电容式传感器中的电介质发生改变时，其介电常数会发生变化，从而引起电容量发生变化。这种电容式传感器的结构形式很多，有介质本身的介电常数由于受到环境影响而发生变化的；也有介质本身的介电常数并没有发生变化，但是极板之间的介质成分发生了变化。前者可以测量环境的温度、湿度、容量等，后者可以用来测量电介质的厚度变化，位移、液位等。常见变介电常数型电容式传感器如图 5 – 4 所示。

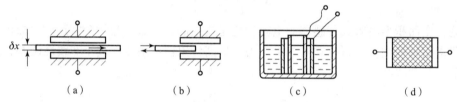

图 5 – 4 常见变介电常数型电容式传感器

（a）测厚度；（b）测位移；（c）测液位；（d）测湿度

下面给出几种常用的电介质材料的相对介电常数，如表 5 – 1 所示。

表 5 – 1 几种电介质的相对介电常数

介质名称	相对介电常数 ε_r	介质名称	相对介电常数 ε_r
真空	1	玻璃釉	3 ~ 5
空气	略大于 1	SiO_2	38
其他气体	1 ~ 1.2	云母	5 ~ 8
变压器油	2 ~ 4	干的纸	2 ~ 4
硅油	2 ~ 3.5	干的谷物	3 ~ 5
聚丙烯	2 ~ 2.2	环氧树脂	3 ~ 10
聚苯乙烯	2.4 ~ 2.6	高频陶瓷	10 ~ 160
聚四氟乙烯	2.0	低频陶瓷、压电陶瓷	1 000 ~ 10 000
聚偏二氟乙烯	3 ~ 5	纯净的水	80

5.2.3　电容式传感器的测量电路

电容式传感器把被测量（如尺寸、压力等）转换为电参数 C，由于电容式传感器的输出电容量通常都很小（几皮法到几十皮法），不便于直接显示和记录，因此，需要借助一些测量电路来检测出这一微小的电容变化量，并转换为与其相适应的电量（电压、电流和频率等）。测量电路的种类很多，目前较常采用的有电桥电路、调频电路、脉冲调宽电路、运算放大器电路等。

1. 普通交流电桥

将差动电容接入一个交流电桥的测量系统中，其对称桥臂可分别由电阻、电容、电感和互感元件组成，如图 5 - 5 所示。各配接元件在初始时调整至平衡状态，输出电压 $U_o = 0$。当传感器电容变化时，电桥失去平衡，而输出一个和电容成正比的电压信号，此交流电压的幅值随 C 而变化。

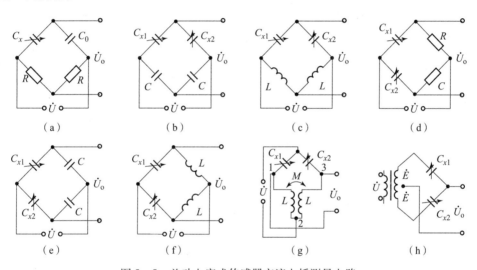

图 5 - 5　差动电容式传感器交流电桥测量电路

图 5 - 5（c）、（f）形式的交流电桥灵敏度最高，图（a）、（d）次之；图（g）形式的电桥（紧耦合电感臂桥）具有较高的灵敏度和稳定性，且寄生电容影响极小，大大简化了电桥的屏蔽和接地，非常适合于高频工作；图（h）形式的电桥（变压器电桥）使用的元件最少，线性最好，桥路内阻最小，目前被广泛采用。

2. 调频测量电路

图 5 - 6 是调频测量电路的原理框图。该电路的基本原理是将传感器电容 C 与电感元件再配合放大器构成一个高频振荡的 LC 谐振电路。当电容量随着被测量变化而变化时，谐振回路的振荡频率也随之发生变化，将频率的变化通过调频电路变换为振幅的变化，经放大后，可用仪表指示或记录仪记录下来。因为振荡器的振荡频率受电容式传感器输出电容的调制，所以称之为调频电路。

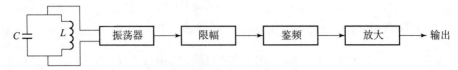

图 5 – 6　调频测量电路的原理框图

虽然可将频率作为测量系统的输出量，用以判断被测非电量的大小，但此时系统是非线性的，不易校正，因此必须加入鉴频器，将频率的变化转换为电压振幅的变化，经过放大就可以用仪器指示器或记录仪记录下来。调频电容传感器测量电路具有抗干扰能力强、灵敏度高等优点，可以测量高至 0.01 μm 级位移变化量。信号的输出频率易于用数字仪器测量，并与计算机通信，可以发送、接收，以达到遥测遥控的目的；其缺点是寄生电容对测量精度的影响较大。

3. 运算放大器测量电路

将传感器电容接入运算放大器电路中，作为电路的反馈元件，运算放大器的放大倍数很大，输入阻抗很高，输出电阻很小，所以运算放大器作为电容式传感器的测量电路是比较理想的。图 5 – 7 所示的是运算放大器测量电路的原理图，图中 C_x 为电容式传感器电容，C 为固定电容，$\dot{U}_i$ 是交流电源电压，$\dot{U}_o$ 是输出信号电压，Σ 是虚地点。由运算放大器工作原理可得：

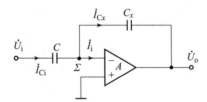

图 5 – 7　运算放大器测量电路原理图

$$\frac{\dot{U}_o}{\dfrac{1}{j\omega C_x}} = -\frac{\dot{U}_i}{\dfrac{1}{j\omega C}} \tag{5 – 5}$$

如果传感器采用平板电容，则 $C_x = \dfrac{\varepsilon S}{d}$，代入上式，可得：

$$\dot{U}_o = -\frac{\dot{U}_i C}{\varepsilon S} d \tag{5 – 6}$$

式中，"–"号表示输出电压的相位与电源电压反相。式（5 – 6）说明运算放大器的输出电压与极板间距离 d 呈线性关系。运算放大器测量电路解决了变极距型电容式传感器的非线性问题。但是实际的运算放大器当然不能完全满足理想运放的条件，仍具有一定的非线性误差，不过只要其输入阻抗及放大器增益足够大，这种误差也可以忽略。为了保证仪器精度，还要求电源电压的幅值和固定电容 C 的值必须稳定。

4. 差动脉宽调制电路

图 5 – 8 所示即为差动脉宽调制电路的原理图，该测量电路通常用于测量差动结构的电容传感器的电容变化，它利用传感器电容的充放电，使电路输出脉冲的宽度随传感器电容的电容量变化而变化，再通过低通滤波器得到对应被测量变化的直流信号。电路主要由比较器

A_1、A_2 和双稳态触发器、电容充放电回路构成。U_C 为参考电压，R_1、R_2 为充电电阻，一般取 $R_1 = R_2$，C_1、C_2 为差动式电容器，电路的输出就是双稳态触发器的两个输出端。

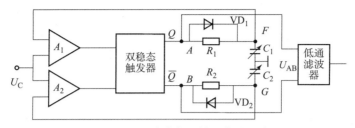

图 5 – 8　差动脉宽调制电路原理图

差动脉宽调制电路适用于任何差动式电容传感器，并具有理论上的线性特性。另外，差动脉冲调宽电路采用直流电源，其电压稳定性高，不需要稳频和波形纯度，也不需要相敏检波与解调，对元件无线性要求，经低通滤波器可输出较大的直流电压，对输出矩形波的纯度要求也不高。

5.2.4　电容式传感器的特点

1. 结构简单，适应性强

电容式传感器结构简单，易于制造，精度高，可以做得很小，以实现某些特殊的测量，驻极体电容传声器就是利用电容式传感器的原理而工作的；电容式传感器一般用金属作电极，以无机材料作绝缘支承，因此可工作在高低温、强辐射及强磁场等恶劣的环境中，能承受很大的温度变化，承受高压力、高冲击、过载等；能测量超高压。

2. 分辨率高

由于传感器的带电极板间的引力极小，需要的输入能量小，所以特别适合用来解决输入能量低的问题，如测量极小的压力、力和很小的加速度、位移等，可以做得很灵敏，分辨力非常高，能感受 $0.001\ \mu m$，甚至更小的位移。

3. 动态响应好

电容式传感器由于极板间的静电引力很小，需要的作用能量极小，可动部分可以做得小而薄，质量轻，因此固有频率高，动态响应时间短，能在几兆赫的频率下工作，特别适合于动态测量；可以用较高频率供电，因此系统工作频率高。它可用于测量高速变化的参数，如振动等。

4. 温度稳定性好

电容式传感器的电容值一般与电极材料无关，有利于选择温度系数低的材料，又由于本身发热极小，因此影响稳定性也极微小。

5. 可实现非接触测量，具有平均效应

如回转轴的振动或偏心、小型滚珠轴承的径向间隙等，采用非接触测量时，电容式传感器具有平均效应，可以减小工件表面粗糙度等对测量的影响。

电容式传感器的不足之处是输出阻抗高，负载能力差，电容式传感器的电容量受其电极几何尺寸等限制，一般为几十皮法到几百皮法，使传感器输出阻抗很高，尤其当采用音频范围内的交流电源时，输出阻抗更高，因此传感器负载能力差，易受外界干扰影响而产生不稳定现象；寄生电容影响大，电容式传感器的初始电容量很小，而传感器的引线电缆电容、测量电路的杂散电容以及传感器极板与其周围导体构成的电容等"寄生电容"却较大，降低了传感器的灵敏度，破坏了稳定性，影响测量精度，因此对电缆的选择、安装、接法都要有要求。

5.3 项目实施

5.3.1 任务分析

常见的电容式液位传感器的外形如图 5-9 所示。电容式液位变送器，通过投入电容式压力传感器，把与液位深度成正比的液体静压力准确测量出来，经过专用信号处理电路转换成标准信号输出，从而建立起输出信号与液体深度的线性关系，实现对液位深度的准确测量。其抗过载和抗冲击能力强，测量精度、可靠性高，长期稳定性好，广泛应用于石油、化工、电厂、城市供水、水文勘探领域的液位测量与控制。

图 5-9　常见的电容式液位传感器

5.3.2 实施步骤

一、电容式物位变送器的校验方法

CTS-DLQ 型射频电容式物位变送器端子接线图如图 5-10 所示。

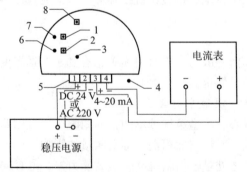

图 5-10　CTS-DLQ 型射频电容式物位变送器接线图

1—满仓键；2—空仓键；3—运行状态指示灯；4—电源指示灯；5—接线端子；
6—空仓标定指示灯；7—满仓标定指示灯；8—清除键

（1）校验接线图。旋开物位变送器的前盖，按图5-10接线。

（2）检查仪表工作状况。

①把物位变送器放置桌上，接上稳压电源和标准毫安表，通电预热10 min。

②按下"清除＋空仓"键至空仓标定指示灯闪亮；再按下"清除＋满仓"键至满仓标定指示灯闪亮。

③按下"空仓键"至空仓标定指示灯变长亮。

④用手握住探极不放，同时按下"满仓键"至满仓标定指示灯变长亮，此时输出电流约为20 mA；放开握住探极的手，电流约为4 mA，表明物位变送器功能正常。

⑤按下"清除＋空仓"键至空仓标定指示灯闪亮；再按下"清除＋满仓"键至满仓标定指示灯闪亮，清除原标定数据。断电，准备到现场使用。

二、投运方法

本物位变送器必须用水（不能用油水混合物）作物料，进行空仓和满仓标定两次以后才能正常运行，可先标定空仓，再标定满仓；也可先标定满仓，再标定空仓。具体过程如图5-11所示。

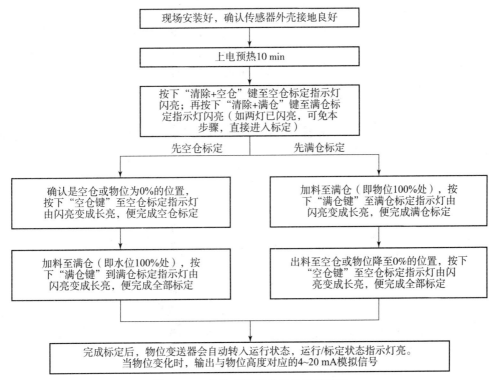

图5-11　物位变送器的具体工作过程

如果进行了不满意的标定，想清除，可按下"清除＋空仓"键至空仓标定指示灯闪亮，清除原空仓标定数据；按下"清除＋满仓"键至满仓标定指示灯闪亮，清除原满仓标定数据。

5.4 知 识 拓 展

物位检测仪表包括液位计、料位计和界面计。在容器中液体介质的高低叫液位,容器中固体或颗粒状物质的堆积高度叫料位。测量液位的仪表叫液位计,测量料位的仪表叫料位计,而测量两种密度不同且不相容的液体介质的分界面的仪表叫界面计。

物位测量在现代工业生产自动化中具有重要的地位。随着现代化工业设备规模的扩大和集中管理,特别是计算机投入运行以后,物位的测量和远传显得更为重要。

通过物位的测量,可以正确获知容器设备中所储物质的体积或质量;监视或控制容器内的介质物位,使它保持在工艺要求的高度,或对它的上、下限位置进行报警。以及根据物位来连续监视或控制容器中流入与流出物料的平衡。所以,一般测量物位有两个目的,一是对物位测量的绝对值要求非常准确,借以确定容器或储存库中的原料、辅料、半成品或成品的数量;二是对物位测量的相对值要求非常准确,要能迅速正确反映某一特定水准面上的物料的相对变化,用以连续控制生产工艺过程,即利用物位仪表进行监视和控制。

工业生产中对物位仪表的要求多种多样,主要有精度、量程、经济和安全可靠等方面。其中首要的是安全可靠。测量物位的仪表种类很多,按其工作原理可分为直读式物位仪表、差压式物位仪表、浮力式物位仪表、电磁式物位仪表、核辐射式物位仪表、声波式物位仪表和光学式物位仪表等。

5.5 应 用 拓 展

5.5.1 电容式油箱液位传感器

电容式油量表的示意图如图 5 – 12 所示,可以用于测量油箱中的油位。

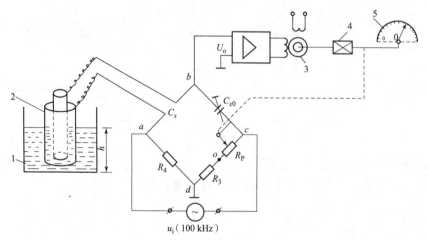

图 5 – 12 电容式油量表示意图

1—油箱;2—圆柱形电容器;3—伺服电动机;4—减速箱;5—油量表

当油箱中无油时，电容式传感器的电容量 $C_x = C_{x0}$，调节匹配电容使 $C_x = C_{x0}$，$R_3 = R_4$；并使调零电位器 R_P 的滑动臂位于 o 点，即 R_P 的电阻值为 0。此时，电桥满足平衡条件，电桥输出为零，伺服电动机不转动，油量表指针偏转角 $\theta = 0$。

当油箱中注满油时，液位上升至 h 处，$C_x = C_{x0} + \Delta C_x$，而 ΔC_x 与 h 成正比，此时电桥失去平衡，电桥的输出电压 U_o 经放大后驱动伺服电动机，再由减速箱减速后带动指针顺时针偏转，同时带动 R_P 的滑动臂移动，从而使 R_P 阻值增大，$R_{cd} = R_3 + R_P$ 也随之增大。当 R_P 阻值达到一定值时，电桥又达到新的平衡状态，$U_o = 0$，于是伺服电动机停转，指针停留在转角为 θ 处。

由于指针及可变电阻的滑动臂同时为伺服电动机所带动，因此，R_P 的阻值与 θ 间存在着确定的对应关系，即 θ 正比于 R_P 的阻值，而 R_P 的阻值又正比于液位高度 h，因此可直接从刻度盘上读得液位高度 h。

当油箱中的油位降低时，伺服电动机反转，指针逆时针偏转（示值减小），同时带动 R_P 的滑动臂移动，使 R_P 阻值减小。当 R_P 阻值达到一定值时，电桥又达到新的平衡状态，$U_o = 0$，于是伺服电动机再次停转，指针停留在与该液位相对应的转角 θ 处。

从以上分析得到涉及闭环控制的结论：放大器的非线性及温漂对测量精度影响不大。

5.5.2 电容式差压变送器

差动电容式差压变送器结构的核心部分是一个变极距差动式电容传感器，如图 5－13 所示。

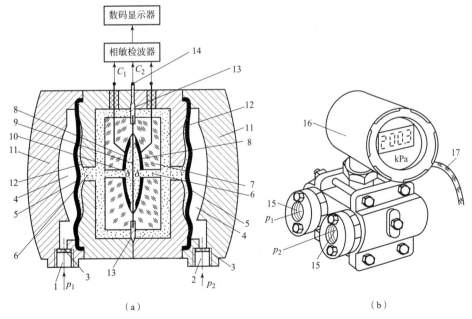

图 5－13 差动电容式差压变送器的结构示意图

（a）结构；（b）外观

1—高压侧进气口；2—低压侧进气口；3—过滤器；4—空腔；5—柔性不锈钢波纹隔离膜片；

6—导压硅油；7—凹形玻璃圆片；8—镀金凹形电极（定极板）；9—弹性平膜片；10—δ 腔；

11—铝合金外壳；12—限位波纹盘；13—过压保护悬浮波纹膜片；14—公共参考端（地电位）；

15—螺纹压力接头；16—测量转换电路及显示器铝合金盒；17—信号电缆

差动电容式差压变送器以热胀冷缩系数很小的两个凹形玻璃（或绝缘陶瓷）圆片上的镀金薄膜作为定极板，两个凹形镀金薄膜与夹紧在它们中间的弹性平膜片组成 C_1 和 C_2。

当被测压力 p_1、p_2 由两侧的内螺纹压力接头进入各自的空腔时，该压力通过柔性不锈钢波纹隔离膜和导压硅油，传导到"δ 腔"。弹性平膜片由于受到来自两侧的压力之差，而凸向压力小的一侧。在 δ 腔中，弹性平膜片与两侧的镀金定极之间的距离很小（0.5 mm 左右），所以微小的位移（不大于 0.1 mm）就可以使电容量变化 100 pF 以上。测量转换电路（相敏检波器）将此电容量的变化转换成 4～20 mA 的标准电流信号，通过信号电缆线输出到二次仪表。

差动电容的输入激励源通常做在信号处理壳中，其频率通常选取 100 kHz 左右，幅值为 10 V 左右。经差压变送器内部的 CPU 线性化后，差压变送器的输出精度一般可达到 1% 左右。

对额定量程较小的差动电容式差压变送器来说，当某一侧突然失压时，巨大的差压有可能将很薄的弹性平膜片压破，所以设置了安全悬浮膜片和限位波纹盘，起过压保护作用。

5.5.3 电容式测厚传感器（电容测厚仪）

电容测厚仪（见图 5-14）用于测量金属板材在轧制过程中的厚度变化，C_1、C_2 放在板材两边，板材是电容的动极板，总电容为 $C_1 + C_2$，作为一个桥臂。

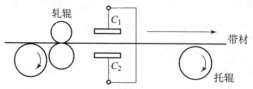

图 5-14　电容测厚仪安装结构示意图

在线测量时，由于被测工件是非绝缘体，在加工中存在振幅为 ΔX 的振动，所以采用差动测量的方法，使其表面分别与 C_1、C_2 构成电容器，由此形成对其厚度变化量 Δh 的实时监测，即当给定传感器 C_2 的相对位置和板材初始厚度 h 时，板材厚度变化 Δh，则有 $\Delta h = \Delta h_1 + \Delta h_2$，如果板材只是上下波动，电容的增量一个增加一个减少，总的电容量 $C_x = C_1 + C_2$ 不变；如果板材的厚度变化使电容 C_x 变化，电桥将该信号变化输出为电压，经放大器、整流电路的直流信号被送至处理显示单元，显示为厚度变化。

5.5.4 电容式湿敏传感器

电容式湿敏传感器一般是用高分子薄膜电容制成的，常用的高分子材料有聚苯乙烯、聚酰亚胺、酪酸醋酸纤维等，如图 5-15 所示。当环境湿度发生改变时，湿敏电容的介电常数发生变化，使其电容量也发生变化，其电容变化量与相对湿度成正比。湿敏电容的主要优点是灵敏度高、产品互换性好、响应速度快、湿度的滞后量小、便于制造、容易实现小型化和集成化，其精度一般比湿敏电阻要低一些。生产湿敏电容的主要厂家有 Humirel 公司、Philips 公司、Siemens 公司等。

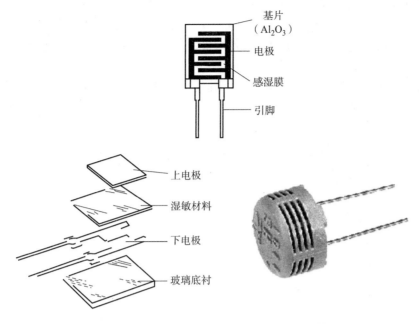

图 5 – 15　电容式湿敏传感器的结构、原理、外观

5.5.5　电容式接近开关

电容式接近开关属于一种具有开关量输出的位置传感器，它的测量头通常是构成电容器的一个极板，而另一个极板是开关的外壳。这个外壳在测量过程中通常是接地或与设备的机壳相连接。当有物体移向接近开关时，不论它是否为导体，由于它的接近，总要使电容的介电常数发生变化，从而使电容量发生变化，使得和测量头相连的电路状态也随之发生变化，由此便可控制开关的接通或断开。这种接近开关检测的对象不限于导体，可以是绝缘体、液体或粉状物料等。对于非金属物体，动作距离取决于材质的介电常数，材料的介电常数越大，可获得的动作距离越大。

5.6　思考与练习

5.1　将收音机中的可变电容器的动片旋出一些，和没有旋出时相比（　　　）。

A. 电容器的电容一定减小　　　　　B. 电容器的电容一定增加

C. 电容器的电容一定不变　　　　　D. 电容器的电容可能增大也可能减小

5.2　传感器是把非电学量（如速度、温度、压力等）的变化转换成电学量变化的一种元件，在自动控制中有着相当广泛的应用。如图 5 – 16 所示是一种测定液面高度的电容式传感器的示意图。金属芯线与导电液体形成一个电容器，从电容 C 大小的变化就能反映液面的升降情况，两者的关系是（　　　）。

A. C 增大表示 h 增大　　　　　B. C 增大表示 h 减小

C. C 减小表示 h 减小　　　　　D. C 减小表示 h 增大

5.3 传感器是一种采集信息的重要器件。如图 5 – 17 所示是一种测定压力的电容式传感器，A 为固定电极，B 为可动电极，组成一个电容大小可变的电容器。可动电极两端固定，当待测压力施加在可动电极上时，可动电极发生形变，从而改变了电容器的电容。现将此电容式传感器与零刻度在中央的灵敏电流表和电源串联成闭合电路，已知电流从电流表正接线柱流入时指针向右偏转。当待测压力增大时，有下列说法，其中正确的是（　　　）。

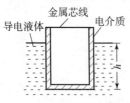

图 5 – 16　习题 5.2 的图

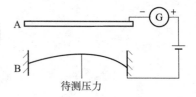

图 5 – 17　习题 5.3 的图

（1）电容器的电容将减小
（2）电容器的电量将增加
（3）灵敏电流表指针向左偏转
（4）灵敏电流表指针向右偏转
A.（2）（3）　　　　　B.（1）（3）　　　　　C.（2）（4）　　　　　D.（1）（2）

5.4 随着生活质量的提高，自动干手机已进入家庭，洗手后，将湿手靠近自动干手机，机内的传感器便驱动电热器加热，有热空气从机内喷出，将湿手烘干。手靠近干手机能使传感器工作，是因为（　　　）。
A. 改变了湿度　　　　B. 改变了温度　　　　C. 改变了磁场　　　　D. 改变了电容

项 目 六

电感式传感器测量位移

6.1 项 目 描 述

位移的检测是指测量位移、距离、位置、尺寸、角度、角位移等几何量，是机械加工的重要参数。许多参数，如力、形变、厚度、间距、振动、速度、加速度等非电量的测量也可以转换为位移的测量。根据这类传感器的信号输出形式，可以分为模拟式和数字式两大类。

模拟式位移传感器有：电位器、电阻应变片、电容式传感器、电感式传感器、差动变压器、涡流探头、光电元件、霍尔器件、微波器件、超声波器件。

数字式位移传感器有：光栅、磁栅、感应同步器。

6.1.1 学习目标

知识目标：

（1）掌握电感式传感器的工作原理及特性；

（2）掌握电感式传感器的结构及测量电路；

（3）熟悉电感式传感器的应用。

能力目标：

（1）能够正确安装电感式传感器；

（2）能够使用电感式传感器进行测量。

6.1.2 项目要求

在生产流水线中物位的检测十分常见，例如在装配轴承滚珠中，为保证轴承的质量，一般要先对滚珠直径进行分选，各滚珠直径的误差在几微米，因此要进行微位移检测，而人工测量和分选轴承滚珠的直径是一项十分费时且容易出错的工作，因此可以用电感式传感器进行检测。如图6-1所示为滚珠分选装置示意图。

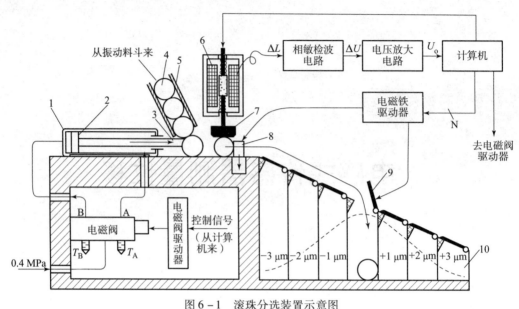

图6-1　滚珠分选装置示意图

1—气缸；2—活塞；3—推杆；4—被测滚珠；5—落料管；6—电感测微器；
7—钨钢测头；8—限位挡板；9—电磁翻板；10—容器（料斗）

如图6-1所示，由机械排序装置（振动料斗）送来的滚珠按顺序进入落料管5。电感测微器的测杆在电磁铁的控制下，先是提升到一定的高度，气缸推杆3将滚珠推入电感测微器测头正下方（电磁限位挡板8决定滚珠的前后位置），电磁铁释放，钨钢测头7向下压住滚珠，滚珠的直径决定了衔铁的位移量。电感式传感器的输出信号经相敏检波后送到计算机，计算出直径的偏差值。

完成测量后，测杆上升，限位挡板8在电磁铁的控制下移开，测量好的滚珠在推杆3的再次推动下离开测量区域。这时相应的电磁翻板9打开，滚珠落入与其直径偏差相对应的容器（料斗）10中。同时，推杆3和限位挡板8复位。从图6-1中的虚线可以看到，批量生产的滚珠直径偏差概论符合随机误差的正态分布。上述测量和分选步骤均是在计算机控制下进行的。若在轴向再增加一只电感式传感器，还可以在测量直径的同时，将滚珠的长度一并测出。

6.2　知　识　链　接

电感式传感器是利用电磁感应原理，将被测非电量（如位移、压力、流量、振动等）的变化转换成线圈的自感系数 L 或互感系数 M 的变化，再由测量电路转换为电压或电流的变化量输出，实现非电量到电量的转换。

电感式传感器具有以下优点：结构简单，工作可靠，寿命长；灵敏度高，分辨率高；测量精度高，线性好；性能稳定，重复性好；输出阻抗小，输出功率大；抗干扰能力强，适合在恶劣环境中工作。电感式传感器的缺点是：频率低，动态响应慢，不宜作快速动态测量；存在交流零位信号；要求附加电源的频率和幅值的稳定度高；其灵敏度、线性度和测量范围相互制约，测量范围越大，灵敏度越低。

电感式传感器的种类很多。可分为自感式、互感式、电涡流式、压磁式和感应同步器等。

6.2.1 自感式传感器

法拉第电磁感应定律指出，当一个线圈中电流发生变化时，该电流产生的磁通也随之变化，因而在线圈本身产生感应电势，这种现象称为自感，产生的感应电势称为自感电势。

自感式传感器可分为变间隙型、变面积型、螺线管型三种，虽然形式不同，但都包含线圈、铁芯和活动衔铁三部分。如图 6-2 所示为自感式传感器的结构示意图。

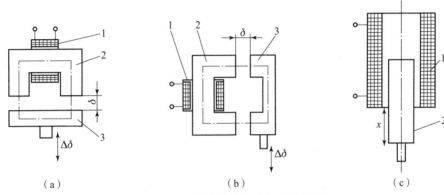

图 6-2 自感式传感器的结构示意图

(a) 变间隙型；(b) 变面积型；(c) 螺线管型

1—线圈；2—铁芯；3—衔铁

1. 变间隙型自感式传感器

变间隙型自感式传感器的结构如图 6-2 (a) 所示。可动衔铁与被测物体连接，工作时，被测物体的位移带动衔铁移动，引起空气气隙的距离发生变化，使磁路中气隙的磁阻发生变化，从而导致电感线圈的电感量发生变化，因此只要能测出这种电感量的变化，就能确定衔铁位移量的大小和方向。如果忽略磁路中其他部分的磁阻而只计气隙的磁阻 R_m，则根据磁路的基本知识，整个磁路的电感可近似为：

$$L = \frac{n^2}{R_m} = \frac{n^2 \mu S}{2\delta} \qquad (6-1)$$

式中　n——线圈匝数；

　　　δ——气隙距离；

　　　S——气隙磁通截面积；

　　　μ——空气磁导率。

上式中，电感与气隙距离成反比，而与气隙截面积 S 成正比。变间隙型自感式传感器的灵敏度为：

$$K = \frac{dL}{d\delta} = -\frac{n^2 \mu S}{2\delta^2} = -\frac{L_0}{\delta} \qquad (6-2)$$

从式 (6-2) 中可以看出，灵敏度 K 与气隙距离 δ 的平方成反比，δ 愈小，灵敏度愈高。变间隙型自感式传感器的输出特性曲线如图6-3（a）所示。

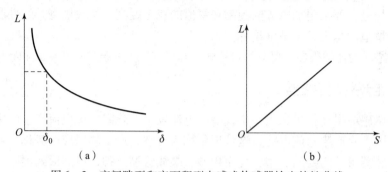

图6-3　变间隙型和变面积型自感式传感器输出特性曲线

（a）变间隙型自感式传感器输出特性；（b）变面积型自感式传感器输出特性

变间隙型自感式传感器具有很高的灵敏度，这样对被测信号的放大倍数要求低，但是受气隙距离 δ 的影响，而且为了减小非线性误差，该类传感器的测量范围在 $0.001 \sim 1$ mm，适用于较小位移的测量。由于行程小，而且活动衔铁在运行方向上受铁芯限制，制造装配困难，所以近年来较少使用该类传感器。

2. 变面积型自感式传感器

变面积型自感式传感器的结构如图6-2（b）所示。线圈的电感量也可以用式（6-1）来表示，传感器工作时，当气隙距离不变，铁芯与衔铁之间相对覆盖面积（磁通截面）随被测位移量的变化而变化，从而导致线圈电感发生变化。线圈电感量 L 与气隙距离是非线性的，但与磁通截面积 S 却是成正比的，是一种线性关系，其输出特性曲线如图6-3（b）所示，这类传感器的灵敏度为：

$$K = \frac{n^2 \mu}{2\delta} \tag{6-3}$$

3. 螺线管型自感式传感器

螺线管型自感式传感器的结构如图6-2（c）所示。它由一柱形活动衔铁插入螺线管圈内构成。其活动衔铁随被测对象移动，线圈磁感线路径上的磁阻发生变化，线圈电感量也因此而改变。线圈电感量的大小和活动衔铁插入深度有关。理论上，电感相对变化量与活动衔铁位移相对变化量成正比，但由于线圈内磁场强度沿轴线不均匀分布，所以实际上它的输出仍为非线性。线圈的电感量 L 与衔铁插入线圈的长度 l_a 的关系为：

$$L = \frac{4\pi^2 n^2}{l^2} \left[lr^2 + (\mu_m - 1) l_a r_a^2 \right] \tag{6-4}$$

式中　n——线圈匝数；

l——线圈长度；

r——线圈半径；

l_a——衔铁插入线圈的长度；

r_a——衔铁半径；

μ_m——铁芯的有效磁导率。

由式（6-4）可知，螺线管型自感式传感器的灵敏度较低，但由于其量程大且结构简单，易于制作和批量生产，因此它是使用最广泛的一种电感式传感器。

以上三种类型的传感器，变间隙型自感式传感器灵敏度较高，但非线性误差较大，且制作装配比较困难；变面积型自感式传感器灵敏度较前者小，但线性度较好，量程较大，使用比较广泛。螺线管型自感式传感器量程大、结构简单且易于制作和批量生产，但灵敏度较低，常用于测量精度要求不太高的场合。

三种类型传感器在使用时，由于线圈中流过负载的电流不等于零，存在起始电流，非线性较大，而且有电磁吸力作用于活动衔铁，易受外界干扰的影响，如电源电压和频率的波动、温度变化等都将使输出产生误差，所以不适用于精密测量，只用在一些继电信号装置中。

4. 差分式电感传感器

在实际使用中，为提高传感器的灵敏度，减小测量误差，常采用两个相同的传感器线圈共用一个衔铁，构成差分式电感传感器，如图 6-4 所示。变间隙型差分式电感传感器的工作行程只有几微米至几毫米，所以适用于微小位移的测量，对较大范围的测量往往采用螺线管型差分式电感传感器，它比单个螺线管型电感式传感器灵敏度高一倍，测量范围为 5～50 mm，非线性误差在 ±0.5% 左右。

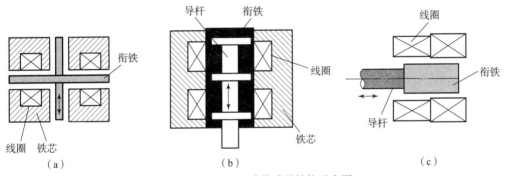

图 6-4　差分式电感传感器结构示意图
(a) 变间隙型差分式；(b) 变面积型差分式；(c) 螺线管型差分式

差分式电感传感器的结构要求上下两个导磁体的几何尺寸完全相同，材料性能完全相同，两个线圈的电气参数（如电感匝数、线圈铜电阻等）和几何尺寸也要求完全一致。

6.2.2　互感式传感器

把被测的非电量变化转换为线圈互感量变化的传感器称为互感式传感器。这种传感器是根据变压器的基本原理制成的，主要包括活动衔铁、一次绕组和二次绕组等。一、二次绕组间的耦合能随衔铁的移动而变化，即绕组间的互感随被测位移改变而变化。由于在使用时采用两个二次绕组反向串接，以差动方式输出，所以把这种传感器称为差动变压器式传感器，通常简称差动变压器。差动变压器结构形式较多，有变间隙型、变面积型和螺线管型等，但变间隙型、变面积型差动变压器由于行程小，且结构较复杂，因此目前已很少采用。非电量测量中，应用最多的是螺线管型差动变压器，它可以测量 1～100 mm 范围内的机械位移，并具有测量精度高、灵敏度高、结构简单、性能可靠等优点。其结构示意图如图 6-5 所示。

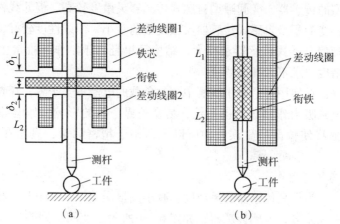

图 6-5　互感式传感器示意图

(a) 变间隙型；(b) 变面积型

差动变压器结构如图 6-6 所示。它由初级线圈 P，两个次级线圈 S_1、S_2 骨架和插入线圈中央的圆柱形铁芯 b 四部分组成。初级线圈，亦称原边，或称一次线圈；次级线圈，亦称副边，或称二次线圈。副边有两个，相互反接，构成差动式。原、副边线圈绕于骨架上，骨架用塑料制成。可动部分铁芯，由良导磁材料（软铁和坡莫合金）制成，与被测对象相连接。

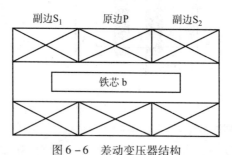

图 6-6　差动变压器结构

差动变压器是利用电磁感应定律制作的。制作时，理论计算结果与实际制作后的参数相差很大。在忽略其涡流损耗、磁滞损耗和寄生（耦合）电容等因素后，其等效电路如图 6-7 所示。其中，L_P、R_P 为初级线圈电感和损耗电阻；M_1、M_2 为初级线圈与两次级线圈间的互感系数；$\dot{U}$ 为初级线圈激励电压；$\dot{U}_o$ 为输出电压；L_{S_1}、L_{S_2} 为两次级线圈电感；R_{S_1}、R_{S_2} 为两次级线圈的损耗电阻；ω 为激励电压的频率。

次级线圈 S_1、S_2 反极性连接。当初级线圈 P 上施加某一频率的正弦电压 $\dot{U}$ 后，次级线圈产生感应电压 $\dot{U}_1$ 和 $\dot{U}_2$，它们的大小与铁芯在线圈内的位置有关。$\dot{U}_1$ 和 $\dot{U}_2$ 反极性连接，所以输出电压 $\dot{U}_o$ 为两电压之差，即 $\dot{U}_o = \dot{U}_1 - \dot{U}_2$。

（1）当铁芯位于线圈中心位置时，$M_1 = M_2$，$\dot{U}_1 = \dot{U}_2$，$\dot{U}_o = 0$；

（2）当铁芯向上移动时，$M_1 > M_2$，$\dot{U}_1 > \dot{U}_2$，$\dot{U}_o > 0$；

（3）当铁芯向下移动时，$M_1 < M_2$，$\dot{U}_1 < \dot{U}_2$，$\dot{U}_o < 0$。

由上述分析可知，当铁芯偏离中心位置时，输出电压 $\dot{U}_o$ 随铁芯偏离中心位置而变化，

$\dot{U}_1$ 和 $\dot{U}_2$ 逐渐加大，但相位相差180°，如图6-8所示。即输出电压 $\dot{U}_o$ 不仅与铁芯位移大小有关，而且与位移的方向有关。当铁芯处于中间平衡位置时，$\dot{U}_1 = \dot{U}_2$，$\dot{U}_o = 0$。但实际上 $\dot{U}_o \neq 0$，而是 $\dot{U}_x$，则 $\dot{U}_x$ 即为零点残余电压。$\dot{U}_o$ 一般在数十毫伏以下，在实际使用时，必须设法减小 $\dot{U}_o$，否则会影响传感器的测量结果。

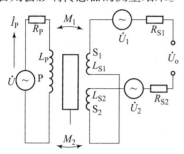
图6-7　差动变压器等效电路图

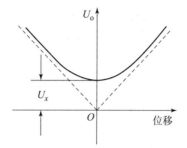
图6-8　差动变压器的输出电压波形

互感式传感器之所以又称为差动变压器，是因为它与一般变压器存在异同之处。二者相同之处在于：结构相同，都有铁芯、骨架和原、副边线圈；工作原理相同，都是利用电磁感应定律，将线圈互感转换为电压输出。二者不同之处是：

（1）磁路不同。普通变压器的磁路在铁芯内形成闭合回路，分别与原、副边线圈耦合；差动变压器的磁路不在铁芯内形成闭合回路，而是经铁芯、空气隙与原、副边形成闭合回路，分别与原、副边线圈耦合。

（2）互感系数 M 不同。普通变压器原、副边线圈的互感系数 M 是常数；而差动变压器的原、副边线圈的互感系数 M 是变量，随铁芯位置变化而变化。

（3）副边线圈不同。普通变压器的副边线圈有一组或多组，彼此独立；而差动变压器的副边线圈只有两组，彼此反接。

6.2.3　电涡流式传感器

电涡流式传感器是20世纪70年代以来得到迅速发展的一种传感器，它是利用电涡流效应进行工作的。由于它结构简单、灵敏度高、频率响应范围宽、不受油污等介质的影响，所以能进行非接触测量，应用范围广，问世以来就受到重视。目前电涡流式传感器已广泛应用于位移、振动、厚度、转速、温度、硬度等非接触测量以及无损探伤等领域。

电涡流式传感器是基于电涡流效应制成的传感器。根据法拉第电磁感应定律，块状金属导体置于变化的磁场中或在磁场中作切割磁感线运动时，导体表面就会产生感应电流，电流在金属体内自行闭合，呈旋涡状，称为电涡流。这种现象称为电涡流效应。

电涡流的大小与金属体的电阻率 ρ、磁导率 μ、金属板的厚度 d、产生交变磁场的线圈与金属导体的距离 x、线圈的激励电流频率 f 等参数有关。若固定其中若干参数，就能按电涡流大小测量出另外的参数。

实验表明，线圈的激励电流频率 f 越高，电涡流穿透深度越小，因此，根据电涡流传感器激励电流频率的高低，可以分为高频反射式和低频透射式两大类。目前，高频反射式电涡流传感器应用广泛。

1. 高频反射式电涡流传感器

高频反射式电涡流传感器的结构比较简单，主要是一个安置在框架上的线圈，线圈可以绕成一个扁平圆形粘贴于框架上，也可以在框架上开一条槽，导线在槽内形成一个线圈，如图 6-9 所示。线圈框架应采用损耗小、电性能好、热膨胀系数小的材料，如采用高频陶瓷、聚酰亚胺、环氧玻璃纤维、氮化硼或聚四氟乙烯等。线圈的导线一般采用高强度漆包线，如要求高一些，可用银或银合金线，在较高的温度条件下，须用高温漆包线。线圈外径越小，传感器的灵敏度越高，线性范围将越小。线圈内径和厚度的变化，只是在靠近线圈处灵敏度稍有不同。

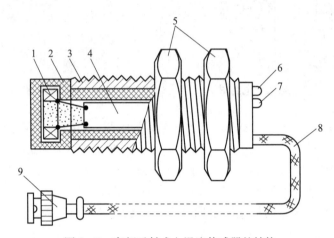

图 6-9　高频反射式电涡流传感器的结构

1—电涡流线圈；2—探头壳体；3—壳体上的位置调节螺纹；4—印制电路板；
5—夹持螺母；6—电源指示灯；7—阈值指示灯；8—输出屏蔽电缆线；9—电缆插头

高频反射式电涡流传感器的工作原理如图 6-10（a）所示，传感器线圈由高频电流 $\dot{I}_1$ 激磁，产生高频交变磁场 H_1，当被测金属置于该磁场范围内，金属导体内便产生涡流 $\dot{I}_2$，$\dot{I}_2$ 将产生一个新的磁场 H_2，H_2 和 H_1 方向相反，因而抵消部分原磁场 H_1，从而导致线圈的电感量、阻抗和品质因数发生变化。

可见，线圈与金属导体之间存在磁性联系。若将导体形象地看作一个短路线圈，则临近高频线圈 L 一侧的金属板表面感应的涡流对 L 的反射作用可以用图 6-10（b）所示的等效电路说明。电涡流类似于次级短路的空芯变压器，可把传感器空芯线圈看作变压器一次绕组，绕组电阻为 R_1，电感为 L_1，金属导体的涡流回路看作变压器二次回路，回路电流即 $\dot{I}_2$，回路电阻为 R_2，电感为 L_2；电涡流产生的磁场对传感器线圈产生磁场的"反作用"，可理解为传感器线圈与环状电涡流之间存在着互感 M，其大小取决于金属导体和线圈的靠近程度，M 随着线圈与金属导体之间的距离 x 减小而增大。

2. 低频透射式电涡流传感器

低频透射式电涡流传感器的激磁频率低，贯穿深度大，适用于测量金属材料的厚度。其工作原理如图 6-11 所示。

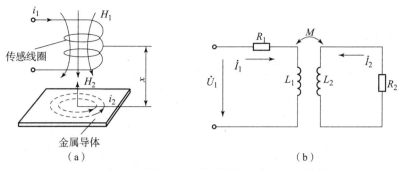

图 6 – 10　高频反射式电涡流传感器的工作原理及等效电路

（a）工作原理；（b）等效电路

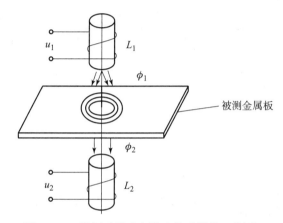

图 6 – 11　低频透射式电涡流传感器的工作原理

被测金属的上方设有发射传感器线圈 L_1，在被测金属板的下方设有接收传感器线圈 L_2。当在 L_1 上加低频电压 u_1 时，则在 L_1 上产生交变磁通 ϕ_1，若两线圈之间无金属板，则交变磁场直接耦合至 L_2 中，L_2 产生感应电压 u_2。如果将被测金属板放入两线圈之间，则 L_1 线圈产生的磁通将导致在金属板中产生电涡流 i_e，此时磁场能量受到损耗，到达 L_2 的磁通将减弱为 ϕ_2，从而使 L_2 产生的感应电压 u_2 下降。显然，金属板厚度尺寸 d 越大，穿过金属板到达 L_2 的磁通 ϕ_2 就越小，感应电压 u_2 也相应减小。因此根据 u_2 的大小能得知被测金属板的厚度。

低频透射式涡流传感器的检测范围为 1 ~ 100 mm，分辨率为 0.1 μm。在使用要求线性好时，应选择较低的激磁频率（通常为 1 kHz 左右），但测薄板时应选择较高的激磁频率，测厚板时应选择较低的激磁频率。

6.3　项　目　实　施

6.3.1　任务分析

根据滚珠分选装的检测范围及灵敏度要求，结合电感式传感器的相关知识，选用差动螺线管插铁型电感式传感器。

6.3.2 实施步骤

（1）根据图 6-12 将差动变压器安装在差动变压器实验模块上。

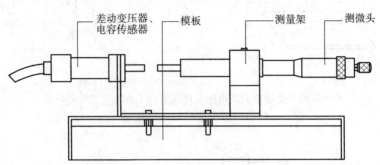

图 6-12　差动变压器实验模块安装图

（2）将传感器引线插头插入实验模块的插座中，音频信号由振荡器的"0°"处输出，打开主控台电源，调节音频信号输出的频率和幅度（用上位机软件监测），使输出信号频率为 4~5 kHz，幅度为 $V_{p-p}=2$ V，按图 6-13 接线（1、2 接音频信号，3、4 为差动变压器输出，接放大器输入端）。

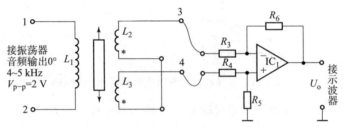

图 6-13　接线图

（3）用上位机观测 U_o 的输出，旋动测微头，使上位机观测到的波形峰-峰值 V_{p-p} 为最小，这时可以左右位移，假设其中一个方向为正位移，另一个方向则称为负位移，从 V_{p-p} 最小处开始旋动测微头，每隔 0.2 mm 从上位机上读出输出电压 V_{p-p} 值，填入表 6-1 中，再从 V_{p-p} 最小处反向位移做实验，在实验过程中，注意左、右位移时，初、次级波形的相位关系。

注意：实验过程中差动变压器输出的最小值即为差动变压器的零点残余电压大小。

根据表 6-1 画出 $V_{op-p}-X$ 曲线，作出量程为 ±1 mm、±3 mm 时的灵敏度和非线性误差。

表 6-1　差动变压器位移 X 值与输出电压数据表

V_{op-p}/mV							
X/mm							

6.4　知 识 拓 展

6.4.1　电磁流量计

电磁流量计根据电磁感应原理制成，主要用于测量导电液体（如工业污水，各种酸、碱、盐等腐蚀性介质）与浆液（泥浆、矿浆、煤水浆、纸浆及食品浆液等）的体积流量，广泛应用于水利工程给排水、污水处理、石油化工、煤炭、矿冶、造纸、食品、印染等领域。

根据电子感应定律，当导体在磁场中做切割磁力线运动时，会在导体两端产生感应电势，其方向由右手定则确定，其大小与磁场的磁感应强度、导体切割磁力线的有效长度及导体垂直于磁场的运动速度成正比。

电磁流量计按结构形式可分为一体式和分体式两种，均由电磁流量传感器和转换器两大部分组成。传感器安装在工艺管道上感受流量信号。转换器将传感器送来的感应电势信号进行放大，并转换成标准电信号输出，以便进行流量的显示、记录、累积或控制。分体式电磁流量计的传感器和转换器分开安装，转换器可远离恶劣的现场环境，仪表调试和参数设置都比较方便。一体式电磁流量计，可就地显示，无励磁电缆和信号电缆布线，接线更简单，仪表价格便宜。现场环境条件较好情况下，一般都选用一体式电磁流量计。

6.4.2　电位器式传感器

电位器是人们常用到的一种电子元件，作为传感器可将机械位移转换为电阻值的变化，从而引起输出电压的变化。电位器式传感器具有结构简单、价格低廉、性能稳定、环境适应能力强、输出信号大等优点，但分辨能力有限、动态响应较差。

有些油量检测采用的就是电位器式传感器，油量表的工作原理如图 6-14 所示。通过检测油箱内油面的高度来测量油箱内的剩余油量。油量变化时，浮子通过杠杆带动电位器的电刷在电阻上滑动，因此，一定的油面高度就对应一定的电刷位置，在油量表中，采用电桥作为电位器的测量电路，从而消除了负载效应对测量的影响。当电刷位置变化时，为保持电桥的平衡，两个线圈内的电流会发生变化，使得两个线圈产生的磁场发生变化，从而改变指针的位置，使油量表指示出油箱内的油量。

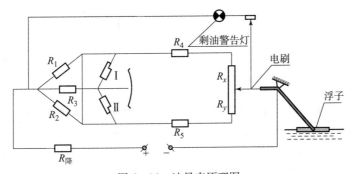

图 6-14　油量表原理图

6.5 应用拓展

6.5.1 电感仿形机床

在加工复杂机械零件时，采用仿形加工是一种较简单和经济的办法，图6-15所示是电感式（差动变压器式）仿形机床的示意图。

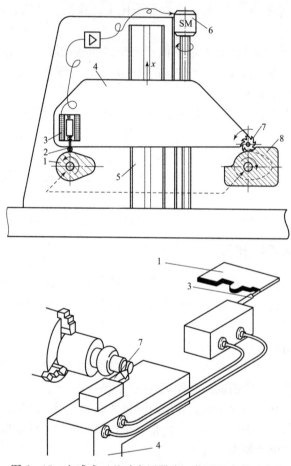

图6-15 电感式（差动变压器式）仿形机床的示意图

1—标准靠模样板；2—测端（靠模轮）；3—电感测微器；
4—铣刀龙门架；5—立柱；6—伺服电动机；7—铣刀；8—毛坯

设被加工的工件为凸轮。机床的左边转轴上固定一只已加工好的标准凸轮，毛坯固定在右边的转轴上，左、右两轴同步旋转。铣刀和电感测微器安装在由伺服电动机驱动的、可以顺着立柱的导轨上、下移动的龙门架上。电感测微器的硬质合金测端与标准凸轮外表轮廓接触。当衔铁不是处于差动电感线圈的中心位置时，电感测微器有输出。输出电压经伺服放大器放大后，驱动伺服电动机正转（或反转），带动龙门架上移（或下降），直至电感测微器的衔铁恢复到差动电感线圈的中间位置为止。龙门架的上下位置决定了铣刀的切削深度。当标准凸轮转过一个微小的角度时，衔铁可能被顶高（或下降），电感测微器必然有输出，驱动伺服电动机转动，使铣刀架上升（或下降），从而减少（或增加）切削深度。这个过程一直持续到加工出与标准凸轮完全一样的工件为止。

6.5.2　电感式圆度计

图 6 – 16 所示为测量轴类工件圆度的示意图。电感测头围绕工件旋转，也可以让测头固定不动，让工件绕轴心旋转，耐磨测端（多为钨钢或红宝石）与工件接触，通过杠杆，将工件不圆度引起的位移传递给电感测头的衔铁，从而使差动电感有相应的输出。信号经计算机处理后给出如图 6 – 16（b）所示图形。该图形按一定的比例放大工件的圆度，以便用户分析测量出的结果。

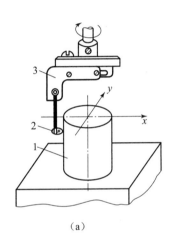
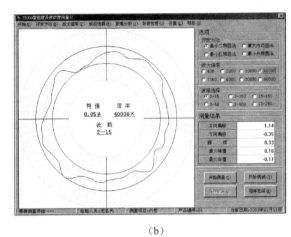

（a）　　　　　　　　　　　　　　　（b）

图 6 – 16　电感式圆度计
（a）测量装置；（b）计算机处理过的结果
1—被测物；2—耐磨测端；3—电感测端

6.6　思考与练习

6.1　分析图 6 – 17 所示的自感式传感器，当铁芯左右移动时（x_1、x_2 发生变化时）自感 L 的变化情况。已知空气隙的长度为 x_1、x_2，空气隙的面积为 S，磁导率为 μ，线圈匝数 W 不变。

6.2　差动变压器式传感器工作时，如果铁芯做一定频率的往复运动时，其输出电压是＿＿＿＿＿＿波。

6.3　差动变压器式位移传感器是将被测位移量的变化转化成线圈＿＿＿＿＿＿系数的变化，两个次级线圈要求＿＿＿＿＿＿串接。

6.4　交流电桥的平衡条件为＿＿＿＿＿＿和＿＿＿＿＿＿，因此，当桥路相邻两臂元件为电阻时，则另外两个桥臂应接入＿＿＿＿

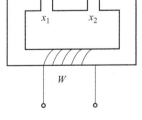

图 6 – 17　习题 6.1 的图

_____ 性质的元件才能平衡。

6.5 自感式传感器通过改变_____、_____ 和_____，从而改变线圈的自感量，可将该类传感器分为_____、_____和_____。

6.6 为什么电感式传感器一般都采用差动形式？

项目七

霍尔传感器测速

7.1 项目描述

霍尔传感器是基于霍尔效应的一种传感器，是目前应用最为广泛的一种磁电式传感器。它可以用来检测磁场、微位移、转速、流量、角度，也可以制作高斯计、电流表、接近开关等。它可以实现非接触测量，而且在很多情况下，可采用永久磁铁来产生磁场，不需附加能源。因此，这种传感器广泛应用于自动控制、电磁检测等领域中。霍尔传感器具有体积小、重量轻、线性度和稳定性好、灵敏度高等特性。

7.1.1 学习目标

知识目标：

（1）掌握霍尔传感器的工作原理；

（2）理解霍尔传感器的基本特性；

（3）熟悉霍尔传感器的应用；

（4）熟悉霍尔元件和集成霍尔传感器。

能力目标：

（1）能根据应用场合选择合适的霍尔传感器；

（2）针对所测速度范围选择合适的测量方法。

7.1.2 项目要求

在各种车辆、机械设备的运转中，都需要对转速进行检测，尤其对于小型直流电动机转速的测量一般采用霍尔传感器进行测速。

7.2 知 识 链 接

霍尔传感器是利用霍尔效应来实现磁电转换的一种传感器。

一、霍尔元件的结构和符号

霍尔片是矩形半导体单晶薄片，一般为 4 mm×2 mm×0.1 mm。

霍尔元件的结构很简单，它由霍尔片、引线和壳体组成。霍尔片是一块半导体（多用 N 型半导体）矩形薄片，如图 7-1（a）所示。在短边的两个端面上焊上两根控制电流端（称控制电极或激励电极）引线 a 和 b，在元件长边的中间以点的形式焊上两根霍尔输入端（称霍尔电极）引线 c 和 d。在焊接处要求接触电阻小，而且呈纯电阻性质（欧姆接触）。

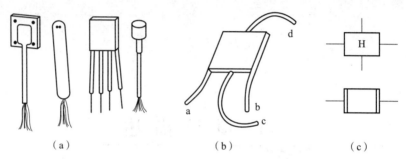

图 7-1　霍尔元件外形、结构及其符号

(a) 外形；(b) 结构；(c) 符号

霍尔片一般用非磁性金属、陶瓷或环氧树脂封装。在电路中霍尔元件可用两种符号表示。霍尔元件多用 N 型半导体材料制备。霍尔元件越薄（即 d 越小），K_H 就越大，所以通常霍尔元件都较薄，霍尔元件的厚度只有 1 μm 左右。虽然金属导体的载流子迁移率很大，但其电阻率较低；而绝缘材料的电阻很高，但其载流子迁移率很低，故两者都不适宜于做霍尔元件。只有半导体材料为最佳霍尔元件材料。

霍尔电势除了与材料的载流子迁移率和电阻率有关外，同时还与霍尔元件的几何尺寸有关。一般要求霍尔元件灵敏度越大越好；霍尔元件的厚度 d 与 K_H 成反比，因此，霍尔元件的厚度越小，其灵敏度越高。

二、霍尔效应和工作原理

1. 霍尔效应

霍尔传感器的工作原理是基于霍尔效应。1879 年美国物理学家霍尔首先在金属材料中发现了霍尔效应。

金属或半导体薄片置于磁场中，当有电流流过时，在垂直于电流和磁场的方向上将产生电动势。这种物理现象称为霍尔效应。从物理本质上说，霍尔效应是半导体中的载流子受磁场中洛仑兹力作用而产生的。

2. 工作原理

将一块 N 型半导体薄片，置于磁感应强度为 B 的磁场中，使磁场方向垂直于薄片，如图 7-2 所示。若在薄片左右两端通以电流 I（称为控制电流），那么半导体中的载流子（电子）将沿着与电流 I 的相反方向运动。由于外磁场 B 的作用，使电子受到磁场力 F_L（洛仑兹力）作用而发生偏转，结果在半导体的后端面上产生电子积累而带负电，前端面因缺少电子而带正电。在前后端面形成电场。该电场产生的电场力 F_H 阻止电子继续偏转。当 F_L 与 F_H 相等时，电子积累达到动态平衡。这时，在半导体前后端之间（即垂直于电流和磁场方向）建立电场，称为霍尔电场 E_H，相应的电动势称为霍尔电势 U_H。

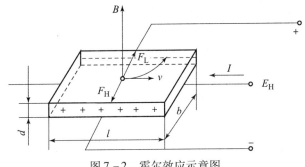

图 7 – 2　霍尔效应示意图

若电子都以均一的速度 v 按图 7 – 2 所示方向运动，那么在磁场的作用下，半导体的电子受到磁场中的洛仑兹力 F_L 的大小为

$$F_L = -qvB \tag{7 – 1}$$

式中　q——电子的电荷量，$q = 1.602 \times 10^{-19}\text{C}$；

　　　v——半导体中电子的运动速度；

　　　B——外磁场的磁感应强度。

使电子向垂直于磁场和电子运动的方向偏转，其方向符合左手定则。电子运动的结果便形成电荷积累，产生静电场，亦称霍尔电场 E_H。

同时，电场 E_H 作用于电子的力 F_H 大小为：

$$F_H = -qE_H \tag{7 – 2}$$

式中负号表示力的方向与电场方向相反。

3. 霍尔系数与灵敏度

$K_H = \dfrac{R_H}{d}$ 为霍尔器件的灵敏度 $[\text{V}/(\text{A} \cdot \text{T})]$，它与载流材料的物理性质和几何尺寸有关，表示在单位磁感应强度和单位控制电流时的霍尔电势的大小。

如果磁场方向与薄片法线方向有 α 角，那么：

$$U_H = K_H IB\cos\alpha \tag{7 – 3}$$

三、霍尔传感器的组成与基本特性

利用霍尔效应实现磁电转换的传感器称为霍尔传感器，它的基本组成部分为：霍尔元件、加于激励电极两端的激励电源、与霍尔电极输出端相连的测量电路、产生某种具有磁场特性的装置。

1. 电路部分

传感器中的基本电路如图 7 – 3 所示。激励电流 I 由电源 E 供给，可以是直流电源或交流电源，电位器 R_P 调节激励电流 I 的大小。R_L 是霍尔元件输出端的负载电阻，它可以是显示仪表或放大电路的输入电阻。霍尔电势一般在毫伏数量级，在实际使用时必须加差分放大器。霍尔元件大体分为线性测量和开关状态两种使用方式，因此输出电路有如图 7 - 4 所示的两种结构。

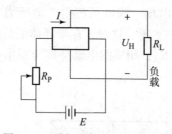

图 7 - 3　霍尔元件的基本测量电路

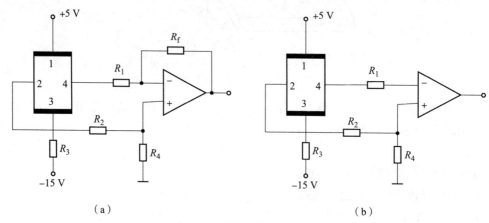

（a）　　　　　　　　　　　　　（b）

图 7 - 4　霍尔元件的输出电路
（a）线性应用；（b）开关应用

　　霍尔元件的激励电流由电源 E 供给，可变电阻 R_P 用来调节激励电流 I 的大小。R_L 为输出霍尔电势 U_H 的负载电阻。通常它是显示仪表、记录装置或放大器的输入阻抗。

　　为了增加输出的霍尔电压或功率，在直流激励的情况下，可采用图 7 - 5（a）的叠加连接方式，控制电流端并联，由 R_{P1} 和 R_{P2} 调节两个元件的输出霍尔电势，AB 端输出电势为单块的 2 倍。在交流供电情况下，采用图 7 - 5（b）的连接方式，控制电流端串联，各元件输出端接输出变压器的初级绕组，变压器的次级便有霍尔电势信号叠加值输出。

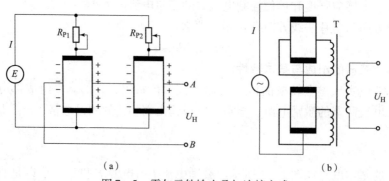

（a）　　　　　　　　　　　　（b）

图 7 - 5　霍尔元件输出叠加连接方式
（a）直流供电；（b）交流供电

2. 磁路部分

用于非电量检测的霍尔传感器，通常是通过弹性元件和其他传动机构将待测非电量（如力、压力、应变和加速度等）转换为霍尔元件在磁场中的微小位移。为了获得霍尔电压随位移变化的线性关系，传感器的磁场应具有均匀的梯度变化的特性。这样当霍尔元件在这种磁场中移动时，如使激励电流 I 保持恒定，则霍尔电压就只取决于它在磁场中的位移量，并且磁场梯度越大，灵敏度越高，梯度变化越均匀，霍尔电压与位移的关系越接近于线性。

3. 基本特性

由霍尔传感器的组成不难看出，霍尔传感器的灵敏度和线性度等基本特性主要取决于它的磁路系统和霍尔元件的特性，即磁场梯度的大小和均匀性、霍尔元件的材料、几何尺寸、电极的位置与宽度等。另外，提高磁场的磁感应强度 B 和增大激励电流 I，也可获得较大的霍尔电势。但 I 的增大受到元件发热的限制。由于霍尔传感器的可动部分只有霍尔元件，而霍尔元件具有小型、坚固、结构简单、无触点、磁电转换惯性小等特点，所以霍尔传感器动态性能好，只有在 10 Hz 以上的高频时，才需要考虑频率对输出的影响。

四、测量误差

由于制造工艺问题以及实际使用时所存在的各种影响霍尔元件性能的因素，如元件安装不合理、环境温度变化等，都会影响霍尔元件的转换精度而带来误差。

五、集成霍尔传感器

集成霍尔传感器是利用硅集成电路工艺将霍尔元件和测量线路集成在一起的新型霍尔传感器。它具有可靠性高、体积小、重量轻、功耗低等优点，正越来越受到人们重视。按照输出信号的形式，可以分为开关型集成霍尔传感器和线性集成霍尔传感器两种类型。

7.3　项目实施

7.3.1　任务分析

在被测转速的转轴上安装一个齿盘，也可选取机械系统中的一个齿轮，将线性霍尔器件及磁路系统靠近齿盘，如图 7-6 所示。齿盘的转动使磁路的磁阻随气隙的改变而周期性地变化，霍尔器件输出的微小脉冲信号经隔直、放大、整形后可以确定被测物的转速。

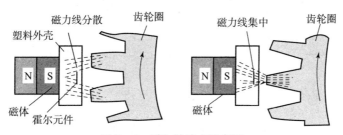

图 7-6　霍尔转速表示意图

当齿对准霍尔元件时，磁力线集中穿过霍尔元件，可产生较大的霍尔电势，放大、整形后输出高电平；反之，当齿轮的空挡对准霍尔元件时，输出为低电平。齿轮每转过一个齿，霍尔元件就输出一个电脉冲，测量脉冲频率即可得到转速值。

霍尔转速传感器在汽车防抱死装置（ABS）中的应用，如图7-7所示。若汽车在刹车时车轮被抱死，将产生危险。用霍尔转速传感器来检测车轮的转动状态有助于控制刹车力的大小。

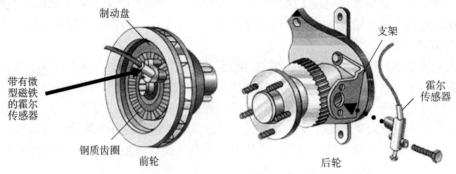

图7-7 汽车防抱死装置示意图

7.3.2 实施步骤

（1）将霍尔传感器进行安装，霍尔传感器引线接到霍尔传感器实验模块9芯航空插座。按图7-8接线。

（2）开启电源，直流数显电压表选择"2V"挡，将测微头的起始位置调到"1 cm"处，手动调节测微头的位置，先使霍尔片大概在磁钢的中间位置（数显表大致为0），固定测微头，再调节R_{w1}使数显表显示为零。

（3）分别向左、右不同方向旋动测微头，每隔0.2 mm记下一个读数，直到读数近似不变，将读数填入表7-1中。

表7-1 数据记录表

x/mm													
U/mV													

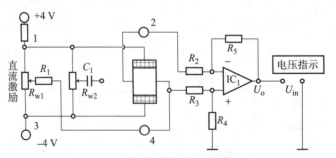

图7-8 霍尔传感器直流激励接线图

7.4 知识拓展

霍尔元件有分立型和集成型两类。分立型有单晶和薄膜两种;集成型有线性霍尔电路和开关霍尔电路两种。

(1) 单晶霍尔元件。单晶霍尔元件采用锗(Ge)、硅(Si)、砷化镓(GaAs)和锑化铟(InSb)等单晶半导体材料,采用平面工艺制造,用金属合金化学制作方法制作电极。随着半导体技术的发展,可利用离子注入或外延生长技术,在高阻砷化镓单晶片上制作极薄的 N 型层,然后用光刻、腐蚀等方法得到厚度 d 很小的高灵敏度超微型霍尔元件,这种分立器件是一种四端型器件。

(2) 薄膜霍尔元件。这类霍尔元件都是用锑化铟薄膜制作的。因锑化铟的电子迁移率比其他材料都大,因此既可制作单晶霍尔元件也可制作薄膜霍尔元件。利用镀膜工艺可得到厚度 $d=1\ \mu m$ 左右的薄膜,再经光刻、腐蚀以及制作电极和焊接引线等工艺制成薄膜霍尔元件。

(3) 线性霍尔集成传感器。它是将霍尔元件、放大器、电压调整、电流放大输出级、失调调整和线性度调整等部分集成在一块芯片上,其特点是输出电压随外磁场磁感应强度 B 呈线性变化。霍尔集成传感器分单端输出和双端输出两种,它们的电路结构如图 7-9(a)、(b)所示。

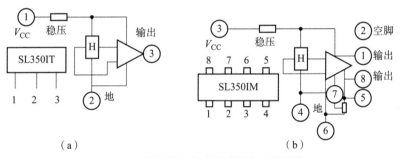

图 7-9 线性霍尔集成传感器的电路结构
(a) SL350IT 型结构(单端输出);(b) SL350IM 型结构(双端输出)

(4) 开关霍尔集成传感器。它是以硅为材料,利用平面工艺制造而成。因为 N 型硅的外延层材料很薄,故可以提高霍尔电压 U_H。如果应用硅平面工艺技术将差分放大器、施密特触发器及霍尔元件集成在一起,就可以大大提高传感器的灵敏度。其内部结构框图如图 7-10 所示。

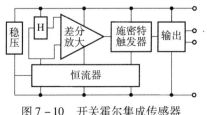

图 7-10 开关霍尔集成传感器

霍尔效应片产生的电势由差分放大器进行放大，随后被送到施密特触发器。当外加磁场 B 小于霍尔元件磁场的工作点 B_{OP} （0.03～0.48 T）时，差分放大器的输出电压不足以开启施密特触发电路，故驱动晶体管截止，霍尔元件处于关闭状态。当外加磁场 B 大于或等于 B_{OP} 时，差分放大器输出增大，启动施密特触发电路，使晶体管导通，霍尔元件处于开启状态。若此时外加磁场逐渐减弱，霍尔开关并不立即进入关闭状态，而是减弱至磁场释放点 B_{rP}，使差分放大器输出电压降到施密特触发电路的关闭阈值，晶体管才由导通变为截止。

霍尔元件的磁场工作点 B_{OP} 和释放点 B_{rP} 之差称为磁感应强度的回差宽度 ΔB。B_{OP} 和 ΔB 是霍尔元件的两个重要参数。B_{OP} 越小，元件的灵敏度越高，ΔB 越大，元件抗干扰能力越显著，外来杂散磁场干扰不易使其产生误动作。

7.5　应 用 拓 展

7.5.1　微位移和压力的测量

霍尔电势与磁感应强度成正比，若磁感应强度是位置的函数，则霍尔电势的大小就可以用来反映霍尔元件的位置。霍尔传感器可用于位移、力、压力、应变、机械振动、加速度等参数的测量，如图 7-11、图 7-12 所示。

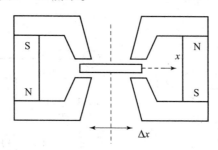

图 7-11　霍尔式位移传感器

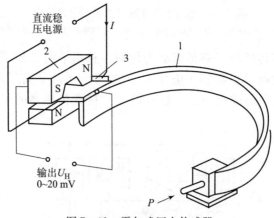

图 7-12　霍尔式压力传感器
1—弹簧管；2—磁铁；3—霍尔片

　　霍尔元件也常用于微位移测量。用它来测量微位移有惯性小、频响高、工作可靠、使用寿命长等优点。其工作原理如图 7 – 13（a）所示。将磁场强度相同的两块永久磁铁，同极性相对地放置；将线性霍尔元件置于两块磁铁的中间，其磁感应强度为零，这个位置可以取为位移零点，故在 $Z = 0$ 时，$B = 0$，输出电压等于零。当霍尔元件沿 Z 轴有位移时，则有一电压输出。测量输出电压，就可得到位移的数值。其特性曲线如图 7 – 13（b）所示。这种位移传感器一般可用来测量 $1 \sim 2$ mm 的位移。以测量这种微位移为基础，可以对许多与微位移有关的非电量进行检测，如力、压力、加速度和机械振动等。

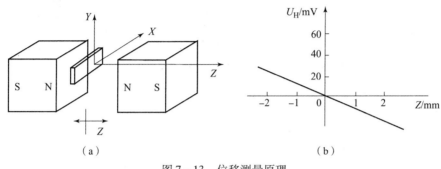

图 7 – 13　位移测量原理
（a）工作原理；（b）输出特性

7.5.2　霍尔式无刷电动机

　　霍尔式无刷电动机取消了换向器和电刷，而采用霍尔元件来检测转子和定子之间的相对位置，其输出信号经放大、整形后触发电子线路，从而控制电枢电流的换向，维持电动机的正常运转。由于无刷电动机不产生电火花及电刷磨损等问题，具有效率高、无火花、可靠性强等特点。所以它在录像机、CD 唱机、光驱等家用电器中得到越来越广泛的应用。

7.5.3　霍尔式接近开关

　　当磁铁的有效磁极接近并达到动作距离时，霍尔式接近开关动作。霍尔式接近开关一般还配一块钕铁硼磁铁。用霍尔 IC 也能完成接近开关的功能，但是它只能用于铁磁材料的检测，并且还需要建立一个较强的闭合磁场。

　　当磁铁随运动部件移动到距霍尔式接近开关几毫米时，霍尔 IC 的输出由高电平变为低电平，经驱动电路使继电器吸合或释放，控制运动部件停止移动（否则将撞坏霍尔 IC），起到限位的作用。

7.5.4　霍尔电流传感器

　　将被测电流的导线穿过霍尔电流传感器的检测孔，如图 7 – 14 所示。当有电流通过导线时，在导线周围将产生磁场，磁力线集中在铁芯内，并在铁芯的缺口处穿过霍尔元件，从而产生与电流成正比的霍尔电压。

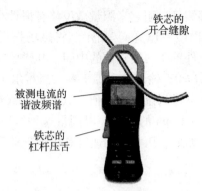

图 7 – 14　霍尔电流传感器的外形

　　图 7 – 15 给出了霍尔元件用于测量电流时的工作原理图。标准圆环铁芯有一个缺口，用于安置霍尔元件，圆环上绕有线圈，当检测电流通过线圈时产生磁场，则霍尔传感器就有信号输出。若采用的传感器为 UGN – 3501M，当线圈为 9 匝，电流为 20 A 时，其电压输出约为 7.4 V。利用这种原理，也可制成电流过载检测器或过载保护装置。

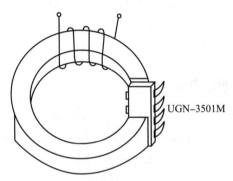

图 7 – 15　电流测量原理示意图

7.6　思考与练习

7.1　什么是霍尔效应？

7.2　影响霍尔元件的因素有哪些？

7.3　列举霍尔传感器在其他领域的应用。

8.1 项 目 描 述

速度和转速的测量在工农业生产、日常生活和国防中应用极为广泛，常用于电动机、洗衣机、造纸、汽车、飞机、轮船等制造业。速度的测量主要分为两种，一种是线速度测量，主要采用时间、位移计算法，如汽车的行驶速度等；另一种是对物体旋转速度的测量，如机械设备中电机轴的转速等。

测量速度的方法很多，通常有霍尔传感器测速、电涡流测速、光电测速等。本项目主要介绍磁电传感器测速的内容。

8.1.1 学习目标

知识目标：

（1）了解磁电传感器的工作原理和特点；

（2）理解变磁通式和恒磁通式磁电传感器的工作原理和应用。

能力目标：

（1）能够区分不同类型的磁电传感器；

（2）针对所测速度范围选择合适的测量方法。

8.1.2 项目要求

在各种车辆的运转、机械设备的运行中，都需要对速度进行检测。一般汽车发动机中都安装有速度传感器，输出的速度信号输入速度表、里程表指示，并用它来进行汽车的牵引控制、导航系统、发动机和变速箱的管理等。

8.2 知 识 链 接

磁电传感器是利用电磁感应原理，将输入的运动速度变换成感应电势输出的传感器。它不需要辅助电源，就能把被测对象的机械能转换为易于测量的电信号，是一种有源传感器。有时也称之为电动式或感应式传感器。制作磁电传感器的材料有导体、半导体、磁性体、超导体等。利用导体和磁场的相对运动产生感应电势的电磁感应原理，可制成各种类型的磁电传感器和磁记录装置；利用强磁性体金属的各向异性磁阻效应，可制成强磁性金属磁敏器件；利用半导体材料的霍尔效应可制成霍尔器件。

8.2.1 磁电感应式传感器的工作原理

磁电感应式传感器简称为感应式传感器，也可称为电动式传感器。它是利用导体和磁场发生相对运动而在导体两端输出感应电势的原理，是一种机 - 电能量转换型传感器，不需要供电电源，电路简单，性能稳定，输出阻抗小，又具有一定的频率范围（一般为 10 ~ 1 000 Hz），适应于振动、转速、扭矩等测量。但这种传感器的尺寸和重量都较大。

根据电磁感应定律，线圈两端的感应电势 e 正比于线圈的磁通的变化率，即：

$$e = W \frac{\mathrm{d}\phi}{\mathrm{d}t} \tag{8-1}$$

式中 ϕ——通过线圈的磁通；

W——线圈匝数。

若线圈在恒定磁场中做直线运动并切割磁力线时，则线圈两端产生的感应电势 e 为：

$$e = WBl \frac{\mathrm{d}x}{\mathrm{d}t}\sin\theta = WBlv\sin\theta \tag{8-2}$$

式中 B——磁场的磁感应强度；

x——线圈与磁场相对运动的位移；

v——线圈与磁场相对运动的速度；

θ——线圈运动方向与磁场方向之间的夹角；

W——线圈的有效匝数；

l——每匝线圈的平均长度。

当 $\theta = 90°$（线圈垂直切割磁力线）时，式（8-2）可写成：

$$e = WBlv \tag{8-3}$$

若线圈相对磁场做旋转运动切割磁力线，则线圈的感应电势为：

$$e = WBS \frac{\mathrm{d}\theta}{\mathrm{d}t}\sin\theta = WBS\omega\sin\theta \tag{8-4}$$

式中 ω——旋转运动的相对角速度 $\left(\omega = \frac{\mathrm{d}\theta}{\mathrm{d}t}\right)$；

S——每匝线圈的截面积；

θ——线圈平面的法线方向与磁场方向间的夹角。

当 $\theta = 90°$ 时，式（8-4）可写成

$$e = WBS\omega \tag{8-5}$$

由式（8-3）和式（8-5）可知，当传感器的结构确定后，B、S、W 均为定值，因此，感应电势 e 与相对速度 v（或 ω）成正比。

8.2.2　磁电感应式传感器的分类

如前所述，我们可以利用改变磁通或用线圈切割磁力线产生感应电势，所以磁电感应式传感器可以分为变磁通式和恒磁通式两种类型。

1. 变磁通式磁电传感器

这一类磁电式传感器中，产生磁场的永久磁铁与线圈都不动，感应电势是由变化的磁通产生的。图 8-1 所示是两种较为常见的变磁通式磁电传感器，图（a）为衔铁（可动铁芯）上下振动结构，图（b）为衔铁旋转结构。

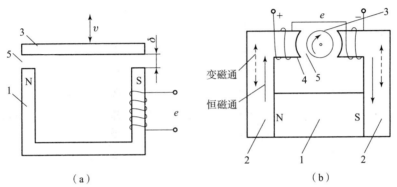

（a）　　　　　　　　　　　　（b）

图 8-1　变磁通式磁电传感器

1—永久磁铁（磁钢）；2—磁轭；3—动铁芯（衔铁）；4—线圈；5—气隙

2. 恒磁通式磁电传感器

这一类磁电式传感器中，工作气隙中的磁通保持不变，而线圈中的感应电势是由于工作气隙中的线圈相对永久磁铁运动，并切割磁力线时产生的，输出的感应电势与相对速度成正比。恒磁通式磁电传感器一般应用于振动测量。此类磁电传感器按照活动部件是磁铁还是线圈，又分为动钢式和动圈式两种。如图 8-2 所示，图（a）为动钢式磁电传感器，图（b）、（c）为动圈式磁电传感器。

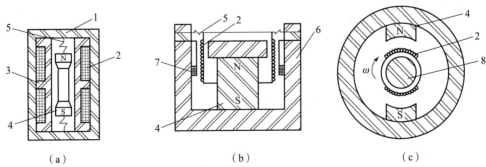

（a）　　　　　　　　　（b）　　　　　　　　　（c）

图 8-2　恒磁通式磁电传感器

1—外壳；2—线圈；3—框架；4—永久磁铁；

5—弹簧；6—磁轭；7—补偿线圈；8—运动部分

壳体随被振物体一起振动，当振动频率远大于传感器的固有频率时，运动部件质量大，产生的惯性很大，来不及随振动体一起振动，认为其静止；振动能量被弹簧吸收，磁铁与线圈的相对运动速度接近振动体振动速度，磁铁与线圈的相对运动切割磁力线，从而产生感应电势 e。

磁电式传感器直接输出感应电势，且传感器通常具有较高的灵敏度，所以一般不需要高增益放大器。但磁电式传感器是速度传感器，若要获取被测位移或加速度信号，则需要配用积分或微分电路。

8.2.3 磁电式传感器的结构组成

磁电感应式传感器有两个基本系统：一个是产生恒定直流磁场的磁路系统，包括工作气隙和磁铁；另一个是线圈，由它与磁场中的磁通交链产生感应电势。因此，必须合理地选择它们的结构形式、材料和结构尺寸，以满足传感器的基本性能要求。磁电感应式传感器的基本要求如下。

1. 工作气隙

工作气隙大，线圈窗口面积就大，线圈匝数就多，传感器的灵敏度就高。但气隙大，磁路系统的磁感应强度就低，传感器灵敏度也越低，而且气隙大易造成气隙磁场分布不均匀，导致传感器输出特性为非线性。为了使传感器具有较高的灵敏度和较好的线性度，必须在保证足够大的窗口面积所需加工安装精度的前提下，尽量减小工作气隙 d。工作气隙宽度 l_d 也与传感器的灵敏度、线性度有关。l_d 越大，灵敏度越高，线性度就越好，但传感器的体积和重量就较大，因此，一般取 $d/l_d \approx 1/4$。

2. 永久磁铁

永久磁铁是用永磁合金材料制成的，可提供工作气隙磁能的能源。不同的永磁合金的磁性能不相同。为了提高传感器的灵敏度和减小传感器的体积，应选用具有较大磁能面积的永磁合金。永久磁铁必须进行各种稳定性处理，如时间、温度、组织结构等稳定性处理，以使其磁性能稳定，否则将直接影响传感器的精度。

3. 线圈组件

线圈组件由线圈和线圈骨架组成。通常线圈骨架由金属材料，如铜、铝、不锈钢等制成，起到与磁场发生相对作用时产生电磁阻尼作用。但当传感器精度要求较高时，因电磁阻尼使传感器的非线性增加，所以必须采用其他阻尼器。这时改用非金属材料，如有机玻璃等做线圈骨架。为减小尺寸，也可以不用线圈骨架。

当线圈组件工作气隙相对于永久磁铁运动时，要保证两者间没有摩擦。除此之外，还必须保证在测量范围内，传感器灵敏度恒定。最后还应核算线圈的测量是否还在允许的范围内。

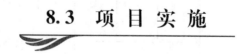

8.3 项 目 实 施

8.3.1 任务分析

一、合理选择磁电传感器的类型

由上面的相关知识得知，磁电式传感器有变磁通式和恒磁通式两种类型。用于测速的传感器，一般使用变磁通式磁电传感器。

二、正确使用变磁通式磁电传感器

（一）磁电式转速传感器的结构

根据磁路的不同，磁电式转速传感器分成开磁路式和闭磁路式两种。如图 8 – 3 所示为两种磁电式转速传感器的结构示意图。

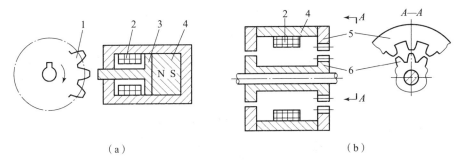

（a）　　　　　　　　　　　　　　　　（b）

图 8 – 3　变磁通式磁电转速传感器的结构图
1—齿轮；2—线圈；3—软磁材料；4—永久磁铁；5—外齿轮；6—内齿轮

开磁路式由固定不动的永久磁铁、感应线圈、软磁材料和外壳等组成。齿轮（导磁材料）安装在被测转轴上并随转轴一起转动。闭磁路式由内外齿轮、线圈和永久磁铁等组成。

（二）开磁路变磁通式转速传感器

1．工作原理框图

开磁路变磁通式转速传感器的工作原理框图，如图 8 – 4 所示。

图 8 – 4　开磁路变磁通式转速传感器的工作原理框图

2．工作原理

安装时把永久磁铁产生的磁感线通过软磁材料端部对准齿轮的齿顶。当齿轮旋转时，齿的凹凸使空气间隙产生变化，从而使磁路磁阻变化，引起磁通量变化，而产生感应电势。

因此传感齿轮每转过一个齿，感应电势就经历了一个周期。所以感应电势的周期 T 就等于转过一个齿所用的时间。

（三）闭磁路变磁通式转速传感器

闭磁路变磁通式转速传感器的内外齿轮的齿数相同，它被安装在被测轴上，内齿轮与被测轴一起旋转，外齿轮不动，由于内外齿轮的相对运动使磁路间隙发生变化，从而在线圈中产生交变的感应电势。

8.3.2　实施步骤

（1）按图 8 – 5 安装磁电感应式传感器。传感器底部距离转动源 4～5 mm（目测），"转动电源"接到 2～24 V 直流电源输出（注意正负极，否则烧坏电动机）端。磁电式传感器的两根输出线接到频率/转速表。

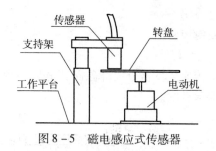

图 8 - 5 磁电感应式传感器

（2）调节 2～24 V 电压调节旋钮，改变转动源的转速，通过通信接口的 CH1 通道用上位机软件观测其输出波形。

8.4 知 识 拓 展

8.4.1 磁敏电阻器

磁敏电阻器（简称磁敏电阻）是基于磁阻效应的磁敏元件。磁敏电阻的应用范围比较广，可以利用它制成磁场探测仪、位移和角度检测器、安培计以及磁敏交流放大器等。

一、磁阻效应

当通有电流的半导体或磁性金属薄片置于与电流垂直的外磁场中时，由于磁场的作用力使载流子运动路径弯曲，即外加电场方向的电流分量减小，使其电阻值增大的物理现象称为磁阻效应。霍尔元件内阻随磁场强度增加而增加的磁阻效应可降低霍尔电压的输出。当半导体中仅存在一种载流子（电子或空穴）时，磁阻效应几乎可以忽略。两种载流子都存在的半导体，其磁阻效应则很强，适于作磁阻元件。

二、磁敏电阻器的分类、结构及工作原理

磁敏电阻器简称 MR 元件，是一种高性能的磁敏感元件。当温度恒定时，在磁场内，磁阻与磁感应强度 B 的平方成正比。理论推导出来的磁阻效应方程为：

$$\rho_B = \rho_0 \left(1 + \frac{P}{N}\mu_n \cdot \mu_p B^2\right) \tag{8-6}$$

式中，ρ_0 为零磁场下的电阻率；μ_n 为电子的迁移率；μ_p 为空穴的迁移率；P 为半导体中空穴载流子数量；N 为半导体中电子载流子的数量；B 为磁感应强度。

当电阻率变化为 $\Delta\rho = \rho_B - \rho_0$ 时，电阻率的相对变化为：

$$\frac{\Delta\rho}{\rho_0} = \frac{P}{N}\mu_n \cdot \mu_p B^2 \tag{8-7}$$

由式（8-7）可知，磁场一定时，迁移率越高的半导体材料，如 InSb、InAs 和 NiSb 等，磁阻效应越明显。其主要性能表现在对磁敏电阻施加磁场，其电阻值比未加磁场时变化更明显。

1. 磁敏电阻的分类

磁敏电阻主要分为半导体磁敏电阻和金属薄膜型磁敏电阻两大类。半导体磁敏电阻适用于较强的永久磁体的各种传感器中，具有原始信号强、灵敏度高、后续处理电路简单等特点。金属薄膜型磁敏电阻是将坡莫合金沉积在衬底上形成薄膜，经光刻制成各种型号的芯片。由于坡莫合金材料是各向异性，在外加磁场下，与以通电电流平行和垂直的两个方向所体现的电阻率不同，导致芯片的交流电阻变化。金属薄膜型磁敏电阻对弱磁场很敏感，但电阻变化率较低。该器件温度系数比半导体磁敏电阻低，成本低，易于实现批量生产和集成化处理。

2. 磁敏电阻的结构

磁敏电阻通常用两种方法来制作：一种是在较长的元件基片上用真空镀膜法制成，如图8-6（a）所示的许多短路电极（光栅状）的元件；另一种是在结晶过程中有方向性地析出金属而制成的磁敏电阻，如图8-6（b）所示。磁敏电阻大多制成圆盘结构，中心和边缘各有一电极，如图8-6（c）所示。磁敏电阻的符号如图8-6（d）所示。

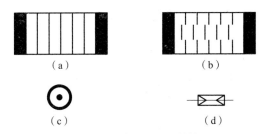

图8-6 磁敏电阻的结构

（a）短路电极；（b）在结晶中有方向性地析出金属；（c）圆盘结构；（d）符号

磁敏效应除了与材料有关外，还与磁敏电阻的形状有关，若考虑其形状的影响，电阻率的相对变化与磁场强度和迁移率的关系可表达为：

$$\frac{\Delta\rho}{\rho_0} \approx \frac{P}{N}\mu_n \cdot \mu_p B^2 \left[1 - f\left(\frac{l}{b}\right)\right] \qquad (8-8)$$

式中，l、b 分别为电阻的长和宽；$f(l/b)$ 为形状效应系数。

在恒定磁感应强度下，其长度 l 比宽度 b 越小，则 $\Delta\rho/\rho_0$ 越大。各种形状的磁敏电阻，其磁阻与磁感应强度的关系如图8-7所示。由图可见，圆盘形磁敏电阻的磁阻最大。

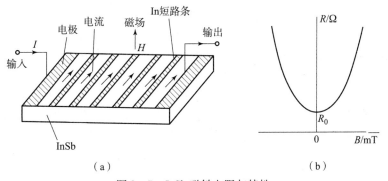

图8-7 InSb 磁敏电阻与特性

（a）基本结构；（b）磁阻与磁场特性曲线

3. 磁敏电阻的工作原理

在没有外加磁场时，磁阻元件的电流密度矢量如图8-8（a）所示。当外磁场垂直作用在磁阻元件表面时电流密度矢量偏移电场方向 θ 角，如图8-8（b）所示。这样就使电流所流通的路径变长，元件两端金属电极间的电阻值也就增大了。

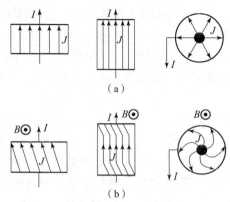

图 8-8　磁敏电阻工作原理示意图
(a) 无磁场时；(b) 有磁场时

4. 磁敏电阻的基本特性

（1）$B-R$ 特性。磁敏电阻的 $B-R$ 特性用无磁场时的电阻 R_0 和磁感应强度为 B 时的电阻 R_B 来表示。R 随元件的形状不同而异，为数十欧至数千欧。R_B 随磁感应强度的变化而变化。图 8-9 (a)、(b) 分别为 InSb 磁敏电阻和 InSb-NiSb 磁敏电阻的 $R-B$ 特性曲线。

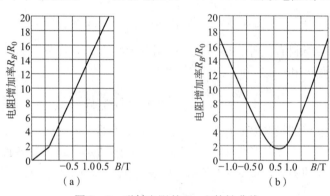

图 8-9　磁敏电阻的 $R-B$ 特性曲线
(a) InSb 磁敏电阻；(b) InSb-NiSb 磁敏电阻

（2）灵敏度 K。磁敏电阻的灵敏度 K 可由下式表示：

$$K = \frac{R_3}{R_0} \tag{8-9}$$

式中，R_3 为 $B = 0.3$ T 时的 R_B 值；R_0 为无磁场时的电阻值。一般来说，$K \geqslant 2.7$。

由于磁敏电阻具有低阻抗、阻值随磁场变化率大、非接触式测量、频率响应好及噪声小等特点，故可广泛用于无触点开关、压力开关、旋转编码器、角度传感器、转速传感器等。

8.4.2　磁敏二极管和磁敏三极管

磁敏电阻均是用 N 型半导体材料制成的体型元件。而磁敏二极管和磁敏三极管是 PN 结型的磁敏元件。它们具有输出信号大、灵敏度高、工作电流小和体积小等特点，因而比较适合磁场、转速、探伤等方面的检测与控制。

1. 磁敏二极管

1）磁敏二极管的结构

磁敏二极管（SMD）的结构如图 8-10 所示。磁敏二极管的 P 型和 N 型电极由高阻材料制成，在 P、N 之间有一个较长的高纯本征区，本征区的一面磨成光滑的复合表面（为 I 区），I 区的长度远远大于载流子扩散的长度。另一面打毛，制成高复合区（为 r 区），其目的是因为电子－空穴对易于在粗糙的 r 区复合，且复合速率较大。当通以正向电流后就会在 P－N 结之间形成电流。由此可见，磁敏二极管是 PIN 型的。

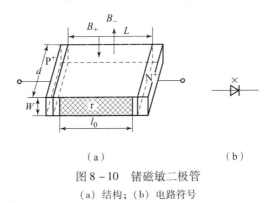

（a）　　　　　　　　　　　（b）

图 8-10　锗磁敏二极管

（a）结构；（b）电路符号

2）磁敏二极管的工作原理

当磁敏二极管未受到外界磁场作用时，在正向电压（P^+ 区接高电位，N^+ 区接低电位）作用下，P^+ 区向 I 区注入空穴，N^+ 区向 I 区注入电子。由于不受到外磁场作用，大部分空穴从 P^+ 区通过 I 区直接进入 N^+ 区，同时大部分电子从 N^+ 区通过 I 区直接进入 P^+ 区形成电流，只有很少量的电子和空穴在 I 区复合掉，如图 8-11（a）所示。此时 I 区有固定的电阻值，器件呈稳定状态。

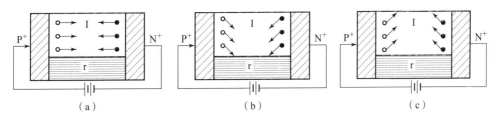

（a）　　　　　　　　　　　（b）　　　　　　　　　　　（c）

图 8-11　磁敏二极管的工作原理

（a）无磁场 $B=0$；（b）加正向磁场 B^+；（c）加反向磁场 B^-

若给磁敏二极管加正向磁场 B^+ 时，空穴和电子在洛仑兹力的作用下向 r 区偏转，如图 8-11（b）所示。由于空穴和电子在 r 区复合速率大，因此复合掉的载流子比没受磁场作用时要多得多，从而使 I 区的载流子数目减少，电阻值增大，电压降增加，P^+－N^+ 结压降减小，导致注入 I 区的载流子减少，其结果使 I 区的电阻值和压降继续增大，形成正反馈过程，直到进入某一动态平衡状态为止。当给磁敏二极管加一反向磁场 B^- 时，在洛仑兹力的作用下，载流子均偏离复合区 r，如图 8-11（c）所示。由于电子空穴复合速率明显变小，则磁敏二极管的正向电流增大，电阻值减小。

由此可以看出，磁敏二极管是采用电子与空穴双重注入效应及复合效应原理工作的。在磁场作用下，两效应是相乘的，再加上正反馈作用，使磁敏二极管具有很高的灵敏度（为一般霍尔元件的 100 倍左右）。由于磁敏二极管在正负磁场作用下，其输出信号增量方向不同,因此可以利用它判别磁场方向。

3) 磁敏二极管的应用

可制作磁敏二极管漏磁探伤仪,如图 8-12 所示。

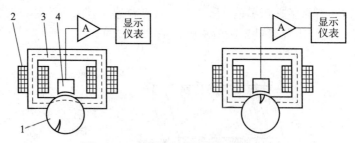

图 8-12 磁敏二极管漏磁探伤仪原理

1—工件;2—激磁线圈;3—铁芯;4—磁敏二极管探头

2. 磁敏三极管

1) 磁敏三极管的结构

磁敏三极管的结构如图 8-13 (a) 所示。它是在高阻本征半导体材料 I 上用合金法或扩散法形成发射极、基极和集电极。其结构的最大特点是基区较长,基区结构类似磁敏二极管,也有高复合率的 r 区和本征 I 区,发射区和集电区分别设置在它的上、下表面。磁敏三极管符号如图 8-13 (b) 所示。

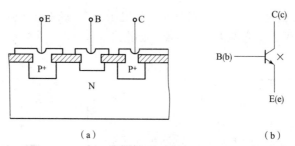

(a)　　　　　　　　　　　　　　　　(b)

图 8-13　PNP 型锗磁敏三极管结构和电路符号

(a) 结构;(b) 电路符号

2) 磁敏三极管的工作原理

当磁敏三极管未受到磁场作用时,如图 8-14 (a) 所示,由于基区长度大于载流子有效扩散长度,从发射极注入 I 区的电子在横向电场 U_{be} 的作用下,其中大部分与 I 区中的空穴复合形成基极电流,少数载流子输入到 C 极,显然,这时基极电流大于集电极电流,使 $\beta = I_C / I_B < 1$。

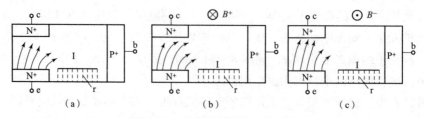

图 8-14　磁敏三极管的工作原理

(a) 无外磁场作用;(b) 有外磁场 B^+ 作用;(c) 有外磁场 B^- 作用

当受到正向磁场 B^+ 作用时，洛仑兹力使载流子向复合区 r 方向偏转，结果使注入集电区的电子数和流向基区的电子数的比例发生变化，原来进入集电区部分的电子改为进入基区，使基极电流增加，而集电极电流减小。又由于流入基区的电子经过高复合 r 区时大量地与空穴复合，使 I 区载流子浓度大大减小而成为高阻区。高阻区又使发射结上电压减小，从而使注入 I 区的电子数大量减少，导致集电极电流进一步显著减小，如图 8 – 14（b）所示。

当受到反向磁场 B^- 的作用时，载流子向集电极一侧偏转，使集电极电流增大，如图 8 – 14（c）所示。

由此可知，磁敏三极管在正、反向磁场作用下，会引起集电极电流明显变化。这样就可以利用磁场方向控制集电极电流的增加或减少，用磁场的强弱控制集电极电流的变化量。

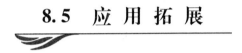

8.5 应用拓展

8.5.1 振动测量

磁电式传感器主要用于振动测量。其中惯性式传感器不需要静止的基座作为参考基准，它直接安装在振动体上进行测量，因而在地面振动测量及机载振动监视系统中获得了广泛的应用。

常用的测振传感器有动铁式振动传感器、圈式振动速度传感器等。

航空发动机、各种大型电机、空气压缩机、机床、车辆、轨枕振动台、化工设备、各种水、气管道、桥梁、高层建筑等，其振动监测与研究都可使用磁电式传感器。图 8 – 15 所示为磁电式振动传感器的结构原理图。

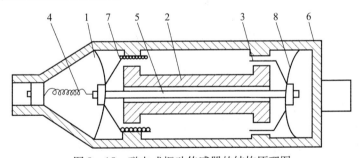

图 8 – 15　磁电式振动传感器的结构原理图

1, 8—弹簧片；2—永久磁铁；3—阻尼器；4—引线；5—芯杆；6—外壳；7—线圈

该传感器在使用时，把它与被测物体紧固在一起，当物体振动时，传感器外壳随之振动，此时线圈、阻尼器和芯杆的整体由于惯性而不随之振动，因此它们与壳体产生相对运动，位于磁路气隙间的线圈就切割磁力线，于是线圈就产生正比于振动速度的感应电势。该电势与速度成一一对应关系，可直接测量速度，经过积分或微分电路便可测量位移或加速度。

8.5.2　自动供水装置

如图 8 – 16 所示，锅炉中的水由电磁阀控制流出与关闭。电磁阀的打开与关闭，受控于控制电路。取水时，需将铁制的取水卡从投牌口投入，取水卡沿非磁性物质制作的滑槽向下滑行，当滑行到磁传感部位时，传感器输出信号经控制电路驱动电磁阀打开，让水从水龙头流出。延时一定时间后，控制电路使电磁阀关闭，水流停止。

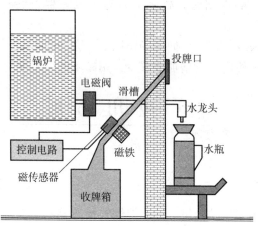

图 8 – 16　自动供水装置示意图

自动供水装置的电路如图 8 – 16 所示，主要由磁传感器装置、单稳态电路、固态继电器、电源电路及电磁阀等组成。磁传感器装置由磁铁及 SL3020 霍尔开关集成传感器构成。

当取水者投入铁制的取水卡时，取水卡将磁铁的磁感线短路，SL3020 传感器受较强磁场的作用输出为高电平脉冲，电路输出信号使电磁阀 Y 通电工作自动开阀放水。每次供水的时间长短，取决于充电时间常数。

8.6　思考与练习

8.1　磁电感应式传感器的工作原理是什么？

8.2　磁电感应式传感器可以分为哪两类？

8.3　磁敏电阻元件有哪些？

8.4　磁敏电阻的工作原理是什么？

8.5　测量速度的传感器有哪些？各有什么特点？分别用于什么场合？

9.1 项目描述

热电偶是工业上最常用的一种利用热电效应制成的温度传感器。具有信号易于传输和变换、测温范围宽、测温上限高等优点。新近研制的钨铼－钨铼系列热电偶的测温上限可达2 800 ℃以上。在机械工业的多数情况下，这种温度传感器主要用于500 ℃～1 500 ℃范围内的温度测量。

9.1.1 学习目标

知识目标：

（1）掌握热电偶传感器的工作原理；

（2）熟悉热电偶传感器的种类、结构类型；

（3）了解热电偶传感器的测量转换电路；

（4）熟悉热电偶传感器的应用。

能力目标：

（1）能够根据实际情况正确地选用热电偶传感器；

（2）能够正确安装热电偶传感器；

（3）能够使用热电偶传感器进行测量；

（4）能够对热电偶传感器的电路进行简单分析。

9.1.2 项目要求

在工业生产过程中，温度是需要测量和控制的重要参数之一。在温度测量中，热电偶的应用极为广泛，它具有结构简单、制造方便、测量范围广、精度高、惯性小和输出信号便于远传等许多优点。另外，由于热电偶是一种有源传感器，测量时不需外加电源，使用十分方便，所以常被用作测量炉子、管道内的气体或液体的温度及固体的表面温度。

9.2 知 识 链 接

热电偶是温度测量仪表中常用的测温元件，它直接测量温度，并把温度信号转换成热电势信号，通过电气仪表（二次仪表）转换成被测介质的温度。各种热电偶的外形常因需要而极不相同，但是它们的基本结构却大致相同，通常由热电极、绝缘套保护管和接线盒等主要部分组成，通常和显示仪表、记录仪表及电子调节器配套使用。

9.2.1 热电偶传感器的工作原理

取两种不同材料的金属导线 A 和 B，按图 9-1（a）所示连接好，当温度 $t \neq t_0$ 时，回路中就有电压或电流产生，其大小可由图 9-1（b）和图 9-1（c）所示的电路测出。实验表明，测得的电压值随温度 t 的升高而升高。由于回路中的电压或电流与两接点的温度 t 和 t_0 有关，所以在测温仪表术语中就称它们为热电势或热电流。

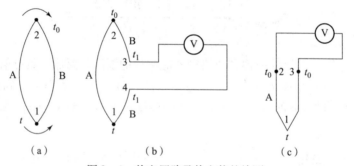

图 9-1 热电回路及热电势的检测

一般来说，将任意两种不同材料的导体 A 和 B 首尾依次相接就构成了一个闭合回路，当两接点温度不同时，在回路中就会产生热电势，这种现象称为热电效应。这两种不同导体的组合就称为热电偶，A、B 称为热电极，温度高的接点称为热端（或工作端），温度低的接点称为冷端（或自由端），形成的回路称为热电回路。热电势由两种导体的接触电势（帕尔帖电势）和单一导体的温差电势（汤姆逊电势）组成。

1. 接触电势

由于各种金属导体都存在大量的自由电子，不同的金属，其自由电子密度是不同的，当 A、B 两种金属接触在一起时，在接点处就要发生电子扩散，即电子浓度大的金属中的自由电子就向电子浓度小的金属中扩散，这样电子浓度大的金属因失去电子而带正电，相反，电子浓度小的金属由于接收到了扩散来的多余电子而带负电。这时在接触面两侧的一定范围内形成一个电场，电场的方向由 A 指向 B，如图 9-2（a）所示，该电场将阻碍电子的进一步扩散。最后达到了动态平衡状态，从而得到一个稳定的接触电势，如图 9-2（b）所示。当接触点温度为 t 时，该接触电势用 $E_{AB}(t)$ 表示。

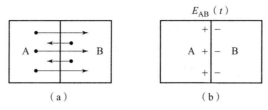

图9-2 接触电势的形成过程

（a）扩散过程；（b）形成稳定的接触电势

2. 温差电势

单一导体中，如果两端温度不同，在两端间会产生电势，即单一导体的温差电势。这是由于导体内高温端（设温度为 t）的自由电子具有较大的动能，因而向低温端扩散，结果高温端因失去电子带正电荷，低温端因得到电子而带负电荷，从而形成一个静电场，如图9-3所示。该电场反过来阻碍自由电子的继续扩散，当达到动态平衡时，在导体两端便产生一个相应的电位差，该电位差称为温差电势，其大小表示为：

$$E_A(t,t_0) = \int_0^T \sigma \mathrm{d}T \tag{9-1}$$

式中 $E_A(t,t_0)$ ——导体 A 两端温度为 t、t_0 时形成的温差电势；

σ ——汤姆逊系数。

3. 热电偶回路热电势

对于由导体 A、B 组成的热电偶闭合回路，产生热电势原理可用图9-4表示。当温度 $t > t_0$，导体 A 的自由电子密度 n_A 大于导体 B 的自由电子密度 n_B 时，闭合回路的总的热电势为：

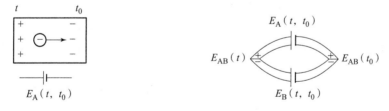

图9-3 温差电势的形成过程   图9-4 热电偶回路

$$E_{AB}(t,t_0) = [E_{AB}(t) - E_{AB}(t_0)] + [-E_A(t,t_0) + E_B(t,t_0)] \tag{9-2}$$

实际上，在同一种金属体内，温差电势极小，可以忽略，因此该回路中总的热电势可表示为：

$$E_{AB}(t,t_0) = E_{AB}(t) + E_{BA}(t_0) \tag{9-3}$$

或

$$E_{AB}(t,t_0) = E_{AB}(t) - E_{AB}(t_0) \tag{9-4}$$

上式表明，热电偶回路中总的热电势为两接点热电势的代数和。当热电极材料确定后，热电偶的总的热电势 $E_{AB}(t,t_0)$ 成为温度 t 和 t_0 的函数之差。如果使冷端温度固定不变，则热电势就只是温度 t 的单值函数了。这样只要测出热电势的大小，就能判断测温点温度 t 的高低，这就是利用热电现象测温的基本原理。

同时可得如下结论：

（1）如果热电偶两电极材料相同，则虽两端温度不同，但总输出电势仍为零，因此，必须由两种不同的金属材料才能构成热电偶。

（2）如果热电偶两接点温度相同，则回路中的总电势必然等于零。

（3）热电势的大小只与材料和接点温度有关，与热电偶的尺寸、形状及沿电极的温度分布无关。应注意，如果热电极本身性质为非均匀的，由于温度梯度存在将会有附加电势产生。

9.2.2　热电偶的基本定律

在实际测温时，热电偶回路中必然要引入测量热电势的显示仪表和连接导线。因此，理解了热电偶的测温原理之后，还要进一步掌握热电偶的一些基本定律，并在实际测温中灵活而熟练地应用。

1. 均质导体定律

由一种均质导体组成的闭合回路，不论导体的截面和长度如何，都不能产生热电势。这条定律说明：

（1）热电偶必须由两种材料不同的均质热电极组成。

（2）热电势与热电极的几何尺寸（长度、截面积）无关。

（3）由一种导体组成的闭合回路中存在温差时，如果回路中产生了热电势，那么该导体一定是不均匀的，由此可检查热电极材料的均匀性。

（4）两种均质导体组成的热电偶，其热电势只决定于两个接点的温度，与中间温度的分布无关。

2. 中间温度定律

如图 9 - 5 所示，一只热电偶的测量端和参考端的温度分别为 t 和 t_1 时，其热电势为 $E_{AB}(t, t_1)$；温度分别为 t_1 和 t_0 时，其热电势为 $E_{AB}(t_1, t_0)$；温度分别为 t 和 t_0 时，该热电偶的热电势 $E_{AB}(t, t_0)$ 为前二者之和，这就是中间温度定律，其中 t_1 称为中间温度。

即有

$$E_{AB}(t, t_0) = E_{AB}(t, t_1) + E_{AB}(t_1, t_0) \tag{9-5}$$

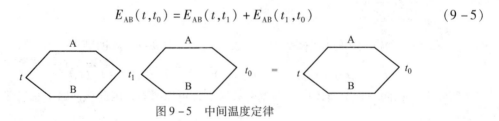

图 9 - 5　中间温度定律

由此定律可以得到如下结论：

（1）已知热电偶在某一给定冷端温度下进行的分度，只要引入适当的修正，就可以在另外的冷端温度下使用。这就为制定和使用热电偶分度表奠定了理论基础。

（2）为使用补偿导线提供了理论依据。一般把在 0 ℃ ~ 100 ℃ 范围内、与所配套使用的热电偶具有同样热电特性的两根廉价金属导线称为补偿导线。则有：

①当热电偶回路中分别引入与材料 A、B 有同样热电性质的材料 A′、B′，即引入所谓的补偿导线后，有 $E_{AB}(t_0', t_0) = E_{A'B'}(t_0', t_0)$。

②回路总电势为：

$$E_{AB}(t,t_0) = E_{AB}(t,t'_0) + E_{A'B'}(t'_0,t_0) = E_{AB}(t,t'_0) + E_{AB}(t'_0,t_0) \qquad (9-6)$$

③只要 t、t_0 不变，接 A′、B′后不论接点温度如何变化，都不会影响总热电势，这就是引入补偿导线的原理。

3. 中间导体定律

该定律也称第三导体定律。由不同材料组成的闭合回路中，若各种材料接触点的温度都相同，则在回路中热电势的总和等于零。图 9-6 中的导体 C 即为接入的第三种导体。在这种情况下共有三个接点，所以回路中的热电势为：

$$E_{ABC}(t,t_0) = E_{AB}(t) + E_{BC}(t_0) + E_{CA}(t_0) \qquad (9-7)$$

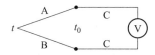

图 9-6　中间导体连接的测温系统

由此定律可以得到以下结论：

在热电偶回路中，接入第三、第四种，或者更多种均质导体，只要接入的导体两端温度相等，则它们对回路中的热电势没有影响。利用热电偶测温时，只要热电偶连接显示仪表的两个接点温度相同，那么仪表的接入对热电偶的热电势没有影响。而且对于任何热电偶接点，只要其接触良好，温度均匀，不论用何种方法构成接点，都不影响热电偶回路的热电势。

根据这条定律，只要仪表处于稳定的环境温度中，我们就可以在热电偶回路中接入显示仪表、冷端温度补偿装置、连接导线等，组成热电偶温度测量系统，也表明两个电极间可以用焊接的方式构成测量端而不必担心它们会影响回路的热电势。在测量一些等温导体温度时，甚至可以借助该导体本身连接作为测量端。

9.2.3　热电偶的种类及结构形式

根据热电效应，只要是两种不同性质的导体都可制作成热电偶，但在实际情况下，因为还要考虑到灵敏度、准确度、可靠性、稳定性等条件，故作为热电极的金属材料，一般应满足以下要求：

（1）在同样的温差下产生的热电势大，且其热电势与温度之间呈线性或近似线性的单值函数关系。

（2）耐高温、抗辐射性能好，在较宽的温度范围内其化学、物理性能稳定。

（3）电导率高、电阻温度系数和比热容小。

（4）复制性和工艺性好。

（5）材料来源丰富，价格低廉。

但目前还没有能够满足上述全部要求的材料，因此，在选择热电极材料时，只能根据具体情况，按照不同测温条件和要求选择不同的材料。

根据热电偶的用途、材料、结构和安装形式等可将其分为多种类型的热电偶。

1. 按热电偶材料划分

并不是所有的材料都能作为热电偶材料，也即热电极材料。国际上公认的热电极材料只有几种，已列入标准化文件中。按照国际计量委员会规定的《1990 年国际温标》（ITS—

1990）的标准，规定了8种通用热电偶。

下面简单介绍我国常用的几种热电偶，其具体特点及适用范围可参见相关手册或文献资料。

（1）铂铑$_{10}$–铂热电偶（分度号为S）。正极：铂铑合金丝（用90%铂和10%铑冶炼而成）；负极：铂丝。

（2）镍铬–镍硅热电偶（分度号为K）。正极：镍铬合金；负极：镍硅合金。

（3）镍铬–康铜热电偶（分度号为E）。正极：镍铬合金；负极：康铜（铜、镍合金冶炼而成）。该热电偶也称为镍铬–铜镍合金热电偶。

（4）铂铑$_{30}$–铂铑$_6$热电偶（分度号为B）。正极：铂铑合金（70%铂和30%铑冶炼而成）；负极：铂铑合金（94%铂和6%铑冶炼而成）。

标准化热电偶有统一分度表，而非标准化热电偶没有统一的分度表，在应用范围和数量上不如标准化热电偶。但这些热电偶一般是根据某些特殊场合的要求而研制的，例如，在超高温、超低温、核辐射、高真空等场合，一般的标准化热电偶不能满足需求，此时必须采用非标准化热电偶。使用较多的非标准化热电偶有钨铼、镍铬–金铁等。下面介绍一种在高温测量方面具有特别良好性能的钨铼热电偶。

（5）钨铼热电偶。正极：钨铼合金（95%钨和5%铼冶炼而成）；负极：钨铼（80%钨和20%铼冶炼而成）。它是目前测温范围最高的一种热电偶。测量温度长期可达2 800 ℃，短期可达3 000 ℃。高温抗氧化能力差，可使用在真空、惰性气体介质或氢气介质中。热电势和温度的关系近似直线，在高温为2 000 ℃时，热电势接近30 mV。

8种国际通用热电偶特性如表9–1所示。

表9–1　8种国际通用热电偶特性表

名　称	分度号	测温范围 /℃	100 ℃时的热电势/mV	1 000 ℃时的热电势/mV	特　点
铂铑$_{30}$–铂铑$_6$[①]	B	50 ~ 1 820	0.033	4.834	熔点高，测温上限高，性能稳定，准确度高，100 ℃以下热电势极小，所以可不必考虑冷端温度补偿；价格昂贵，热电势小，线性差；只适用于高温域的测量
铂铑$_{13}$–铂	R	–50 ~ 1 768	0.647	10.506	使用上限较高，准确度高，性能稳定，复现性好；但热电势较小，不能在金属蒸气和还原性气氛中使用，在高温下连续使用时特性会逐渐变坏，价格昂贵；多用于精密测量

续表

名　称	分度号	测温范围/℃	100 ℃时的热电势/mV	1 000 ℃时的热电势/mV	特　点
铂铑$_{10}$ - 铂	S	-50 ~ 1 768	0.646	9.587	优点同 B 型、R 型热电偶；但性能不如 R 型热电偶；长期以来曾经作为国际温标的法定标准热电偶
镍铬 - 镍硅	K	-270 ~ 1 370	4.096	41.276	热电势大，线性好，稳定性好，价格低廉；但材质较硬，在 1 000 ℃以上长期使用会引起热电势漂移；多用于工业测量
镍铬硅 - 镍硅	N	-270 ~ 1 300	2.744	36.256	是一种新型热电偶，各项性能均比 K 型热电偶好，适宜于工业测量
镍铬 - 铜镍（锰白铜）	E	-270 ~ 800	6.319	—	热电势比 K 型热电偶大50% 左右，线性好，耐高湿度，价格低廉；但不能用于还原性气氛；多用于工业测量
铁 - 铜镍（锰白铜）	J	-210 ~ 760	5.269	—	价格低廉，在还原性气体中较稳定；但纯铁易被腐蚀和氧化；多用于工业测量
铜 - 铜镍（锰白铜）	T	-270 ~ 400	4.279	—	价格低廉，加工性能好，离散性小，性能稳定，线性好，准确度高；铜在高温时易被氧化，测温上限低；多用于低温域测量。可作 -200 ℃ ~ 0 ℃温域的计量标准

注：①铂铑$_{30}$表示该合金含 70% 的铂及 30% 的铑，以下类推。

其他种类的热电偶丝材料还有很多，在此不一一列举。

2. 按热电偶结构形式划分

为了保证热电偶可靠、稳定地工作，对它的结构要求如下：

(1) 组成热电偶的两个热电极的焊接必须牢固。

(2) 两个热电极彼此之间应很好地绝缘，以防短路。

（3）补偿导线与热电偶自由端的连接更方便可靠。

（4）保护套管应能保证热电极与有害介质充分隔离。

热电偶结构形式很多，按热电偶结构划分有普通热电偶、铠装热电偶、薄膜热电偶、表面热电偶、浸入式热电偶。

（1）普通热电偶。如图9－7所示，工业上常用的热电偶一般由热电极、绝缘管、保护套管、接线盒、接线盒盖组成。这种热电偶主要用于气体、蒸汽、液体等介质的测温。这类热电偶已经制成标准形式，可根据测温范围和环境条件来选择合适的热电极材料及保护套管。

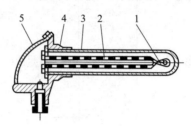

图9－7　普通热电偶

1—热电极；2—绝缘管；3—保护套管；4—接线盒；5—接线盒盖

（2）铠装热电偶。如图9－8所示，根据测量端结构形式，可分为碰底型、不碰底型、裸露型、帽型等。

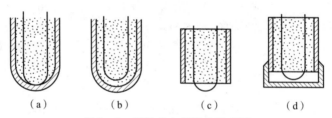

图9－8　铠装热电偶结构示意图

（a）碰底型；（b）不碰底型；（c）裸露型；（d）帽型

铠装热电偶由热电偶丝、绝缘材料（氧化铁）、不锈钢保护管经拉制工艺制成。其主要优点是：外径细、响应快、柔性强，可进行一定程度的弯曲；耐热、耐压、耐冲击性强。

（3）薄膜热电偶。薄膜热电偶是用真空蒸镀的方法，将热电极材料蒸镀到绝缘基板上而成的热电偶。因采用蒸镀工艺，所以热电偶可以做得很薄，而且尺寸可做得很小。其结构可分为片状、针状等。图9－9所示为片状结构示意图，这种热电偶的特点是热容量小、动态响应快，适宜测微小面积和瞬变温度。测温范围为 $-200\ ^{\circ}\mathrm{C} \sim 300\ ^{\circ}\mathrm{C}$。

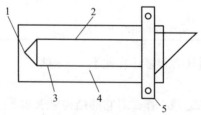

图9－9　片状薄膜热电偶结构图

1—测量接点；2—薄膜 A；3—薄膜 B；4—补底；5—接头夹

（4）表面热电偶。表面热电偶有永久性安装和非永久性安装两种，主要用来测金属块、炉壁、涡轮叶片、轧辊等固体的表面温度。

（5）浸入式热电偶。这是一种专门为测量铜水、钢水、铝水及熔融合金的温度而设计的特殊热电偶，热电极由直径 $0.05 \sim 0.1$ mm 的铂铑$_{10}$ – 铂铑$_{30}$（或钨铼$_6$ – 钨铼$_{20}$）等材料制成，且装在外径为 1 mm 的 U 形石英管内，构成测温的敏感元件。其外部有绝缘良好的纸管、保护管及高温绝热水泥加以保护和固定。它的特点是：当其插入钢水后，保护帽瞬间熔化，热电偶工作端即刻暴露在刚水中，由于石英管和热电偶热容量都很小，因此能很快反映出钢水的温度，反应时间一般为 $4 \sim 6$ s。在测出温度后，热电偶和石英保护管都被烧坏，因此它只能一次性使用。这种热电偶可直接用补偿导线接到专用的快速电子电位差计上，直接读取钢水温度。

9.2.4 热电偶的冷端补偿

用热电偶测温时，热电势的大小决定于冷热端温度之差。如果冷端温度固定不变，则决定于热端温度。如冷端温度是变化的，将会引起测量误差。为此，必须采用一定的措施来消除冷端温度变化所产生的影响。

1. 冷端恒温法

恒温法是指人为制成一个恒温装置，把热电偶的冷端置于其中，保证冷端温度恒定。常用的恒温装置有冰点槽和电热式恒温箱两种。

一般热电偶定标时，冷端温度是以 0 ℃ 为标准的。因此，常常将冷端置于冰水混合物中，使其温度保持为恒定的 0 ℃。在实验室条件下，通常是把冷端放在盛有绝缘油的试管中，如图 9 – 10 所示，然后再将其放入装满冰水混合物的保温容器中，使冷端保持 0 ℃。为防止短路和改善传热条件，两只热电极的冷端分别插在盛有变压器油的试管中，这种方法测量准确度高，但使用麻烦，只适用于实验室中。

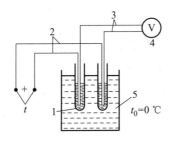

图 9 – 10　冷端恒温法

1—油；2—补偿导线；3—铜导线；4—测温毫伏计；5—冰水混合物

在现场，常使用电热式恒温箱。这种恒温箱通过接点控制或其他控制方式维持箱内温度恒定（常为 50 ℃）。

2. 冷端温度校正法

由于热电偶的温度分度表是在冷端温度保持 0 ℃ 的情况下得到的，与它配套使用的测量电路或显示仪表又是根据这一关系曲线进行刻度的，因此冷端温度不等于 0 ℃ 时，就需对仪表指示值加以修正。如冷端温度高于 0 ℃，但恒定于 t ℃，则测得的热电势要小于该热电偶的分度值，为求得真实温度，可利用中间温度法则，即利用下式进行修正：

$$E(t,0) = E(t,t_0) + E_{AB}(t_0,0) \tag{9-8}$$

3. 补偿导线法

为了使热电偶冷端温度保持恒定（最好为 0 ℃），当然可将热电偶做得很长，使冷端远离工作端，并连同测量仪表一起放置到恒温或温度波动比较小的地方，但这种方法一方面使安装使用不方便，另一方面也可能耗费许多贵重的金属材料。因此，一般是用一种称为补偿导线的连接线将热电偶冷端延伸出来，如图 9-11 所示，这种导线在一定温度范围内（0 ℃ ~ 150 ℃）具有和所连接的热电偶相同的热电性能，若是用廉价金属制成的热电偶，则可用其本身材料的导线作补偿导线将冷端延伸到温度恒定的地方。

必须指出，只有冷端温度恒定或配用仪表本身具有冷端温度自动补偿时，应用补偿导线才有意义。热电偶和补偿导线连接端所处的温度一般不应超出 100 ℃，否则也会由于热电特性不同带来新的误差。

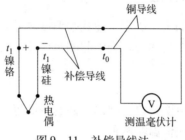

图 9-11　补偿导线法

4. 补偿电桥法

补偿电桥法是利用不平衡电桥产生的电势来补偿热电偶因冷端温度变化而引起的热电势变化值。补偿电桥现已标准化，如图 9-12 所示。不平衡电桥（即补偿电桥）是由电阻 R_1、R_2、R_3 和 R_{Cu} 组成。其中 $R_1 = R_2 = R_3 = 1\ \Omega$；$R_S$ 是用温度系数很小的锰铜丝绕制而成的；R_{Cu} 是由温度系数较大的铜线绕制而成的补偿电阻。0 ℃时，$R_{Cu} = 1\ \Omega$，R_S 的值可根据所选热电偶的类型计算确定。此桥串联在热电偶测量回路中，热电偶冷端与电阻 R_{Cu} 感受相同的温度，在某一温度下（通常取 0 ℃）调整电桥平衡，即 $R_1 = R_2 = R_3 = R_{Cu}$，当冷端温度变化时，R_{Cu} 随温度改变，破坏了电桥平衡，产生一不平衡电压 ΔU，此电压则与热电势相叠加，一起送入测量仪表。适当选择 R_S 的数值，可使电桥产生的不平衡电压 ΔU 在一定温度范围内基本上能够补偿由于冷端温度变化而引起的热电势变化值。这样，当冷端温度有一定变化时，仪表仍然可给出正确的温度示值。

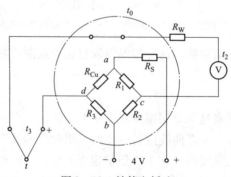

图 9-12　补偿电桥法

<h1>9.3　项　目　实　施</h1>

<h2>9.3.1　任务分析</h2>

热电偶是一种使用最多的温度传感器，它的原理是基于 1821 年发现的塞贝克效应，即两种不同的导体或半导体 A 或 B 组成一个回路，其两端相互连接，只要两接点处的温度不同，一端温度为 t，另一端温度为 t_0，则回路中就有电流产生，如图 9 – 13（a）所示，即回路中存在电动势，该电动势被称为热电势。

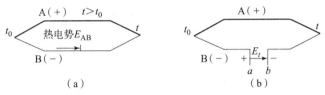

图 9 – 13　热电势回路

当回路断开时，在断开处 a、b 之间便有一电动势 E_t，其极性和量值与回路中的热电势一致，如图 9 – 13（b）所示，并规定在冷端，当电流由 A 流向 B 时，称 A 为正极，B 为负极。实验表明，当 E_t 较小时，热电势 E_t 与温度差（$t-t_0$）成正比，即

$$E_t = S_{AB}(t-t_0) \tag{9-9}$$

S_{AB} 为塞贝克系数，又称为热电势率，它是热电偶的最重要的特征量，其符号和大小取决于热电极材料的相对特性。

<h2>9.3.2　实施步骤</h2>

（1）将控制台上的"智能调节仪"单元中的"控制对象"选择为"温度"，并按图 9 – 14 接线。

（2）将 2 ~ 24 V 输出调节调到最大位置，打开调节仪电源。

（3）按住 SET 键 3 s 以下，进入智能调节仪 A 菜单，仪表靠上的窗口显示"SU"，靠下窗口显示待设置的设定值。当 LOCK 等于 0 或 1 时使能，设置温度的设定值，按 ◀ 键可改变小数点位置，按 ▲ 或 ▼ 键可修改靠下窗口的设定值。否则提示"LCK"表示已加锁。再按 SET 键 3 s 以下，回到初始状态。

（4）按住 SET 键 3 s 以上，进入智能调节仪 B 菜单，靠上窗口显示"dAH"，靠下窗口显示待设置的上限偏差报警值。按 ◀ 键可改变小数点位置，按 ▲ 或 ▼ 键可修改靠下窗口的上限报警值。上限报警时仪表右上"AL1"指示灯亮。（参考值为 0.5）

将温度控制在 50 ℃，在另一个温度传感器插孔中插入 K 型热电偶温度传感器。

（5）将 ±15 V 直流稳压电源接入温度传感器实验模块中。温度传感器实验模块的输出 U_{o2} 接主控台直流电压表。

（6）将温度传感器实验模块上的差动放大器的输入端 U_i 短接，调节 R_{w3} 到最大位置，再调节电位器 R_{w4} 使直流电压表显示为零。

（7）拿掉短路线，按图9-14接线，并将K型热电偶的两根引线，热端（红色）接a，冷端（绿色）接b；记下模块输出 U_{o2} 的电压值。

温度传感器实验模块

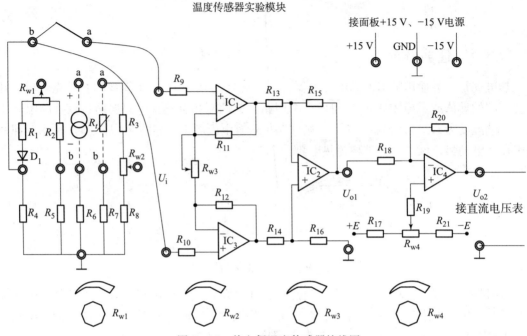

图9-14　热电偶温度传感器接线图

（8）改变温度源的温度，每隔5℃记下 U_{o2} 的输出值。直到温度升至120℃。并将实验结果填入表9-2中。

表9-2　实验数据记录

$t/℃$												
U_{o2}/V												

9.4　知识拓展

非接触式温度计主要是利用物体的辐射能随温度变化的原理制成的，这样的温度检测仪表也称作辐射式温度计。辐射式温度计在应用时，只需把温度计对准被测物体，而不必与被测物体直接接触。它可以用于运动物体以及高温物体表面的温度检测。与接触式测温法相比，非接触式温度计具有以下特点。

（1）温度计不与被测对象接触，不会破坏被测对象的温度场，故可测量运动物体的温度并可进行遥测。

（2）温度计不必达到与被测对象同样的温度，故仪表的测温上限不受温度计材料熔点的限制。

（3）在检测过程中温度计不必和被测对象达到热平衡，故检测速度快，相应时间短，适于快速测温。

自然界中任何物体只要其温度在绝对零度以上，就会不断地向周围空间辐射能量。温度越高，辐射能量就越多。同时，所有物体又能吸收辐射、透射或反射辐射能量。辐射测温主要有以下3种基本方法：

（1）全辐射法。测出物体在整个波长范围内的辐射能量，并以其辐射率校正后确定被测物体的温度。

（2）亮度法。测出物体在某一波长（实际上是一个波长段）上的辐射能量，经辐射率修正后确定被测物体的温度。

（3）比色法。测出物体在两个特定波长段上的辐射能比值，确定被测物体的温度。

无论采用何种辐射测温法，其辐射温度计一般都是由光学系统、检测元件、转换电路和信号处理等部分组成。光学系统是通过光学透镜、反射镜以及其他光学元件获得物体辐射能中的特性光谱，并聚焦到检测元件上。检测元件将辐射能转换成电信号，经信号放大、辐射率的修正和标度变换后输出与被测温度相对应的信号。部分辐射温度计需要参考光源。

9.5 应 用 拓 展

漏钢是连铸生产中一种灾难性的事故，漏钢会损坏设备，降低作业率，给企业造成很大的经济损失。连铸漏钢可分为粘结漏钢、夹渣漏钢、裂纹漏钢等，漏钢与钢水成分、温度、状况、保护渣性以及操作水平有密切联系。生产过程中的漏钢事故一般为铸坯初生坯壳在结晶器内发生粘结或其他异常情况没有得到补救，出结晶器时没有达到足够的安全厚度而导致漏钢。为了减少漏钢事故发生，人们一直致力于开发漏钢预报系统。通过在结晶器铜板中埋入温度传感器热电偶对铜板进行热监控，镭目科技有限责任公司通过对影响漏钢预报系统准确率因素的研究，采取了一系列的改进措施，成功研制出一种高准确率的漏钢预报系统，目前该系统已经在国内多家钢厂成功运行，得到了广泛的好评。

漏钢预报系统，是一种可以通过分析分布在结晶器壁上的热电偶采集到的温度变化，得知坯壳破裂处及其扩展，从而检测出漏钢趋势并进行报警的设备。RAMON漏钢预报系统主要由以下几部分组成：现场操作箱、控制柜、工控机、热电偶模块、连接器、热电偶、热电偶保护套管、离线检测装置等，如图9-15所示。

正常浇铸情况下，由于结晶器内新生高温坯壳不断向下运动，上排热电偶的温度大于下排热电偶的温度，如图9-16中①所示；当坯壳发生粘结被拉断时，补入的钢水直接和铜板接触，上排热电偶温度升高，如图9-16中②所示；当拉断处形成薄弱的坯壳并将继续向下运动时，在钢水静压力的作用下紧贴铜壁，使下排的热电偶温度也随之上升，如图9-16中③所示；当粘结严重时，会使两个热电偶的温升达到一定值，如果温升超过允许值，系统便发出漏钢报警，报警原理如图9-16中④所示。

预报系统可分为手动操作或自动控制。当选择人工控制时，操作人员根据系统画面及报警，手动控制相应系统；在自动状态下，当出现非正常状态时，系统自动降低相应流的拉速并发出警报，相应流自动减速，以便使裂口愈合。提供的愈合时间是根据不同钢种预先设定的。自发生报警回复至正常状态，不需人工操作。

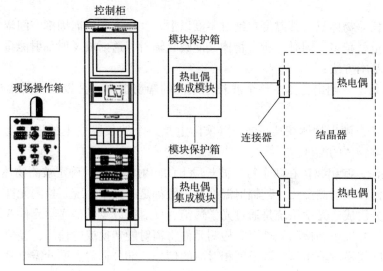

图 9 – 15　RAMON 漏钢预报系统

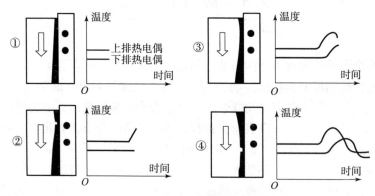

图 9 – 16　粘结漏钢报警原理

　　影响预报准确度的因素：在连铸生产过程中，结晶器内实际没有粘结，但是由于某些原因导致热电偶温度曲线波动过大而产生漏钢预报，即误报；但结晶器内实际发生了粘结，而由于热电偶没有检测到等原因导致漏钢预报系统没有预报而发生漏钢事故，即漏报。经过现场实验分析确定误报、漏报发生的原因主要有以下几种：

　　（1）热电偶线下检测质量不合格，热电偶存在质量问题。在使用过程中热电偶性能不稳定或失去热电特性，温度曲线波动过大，造成误报，误报频繁导致系统被迫关闭，将产生漏报。

　　（2）热电偶装配方式不够合理或者密封不好，使用一段时间后，热电偶与结晶器安装槽不能紧密接触，进水及油污将使测量温度与实际温度偏差大，温度曲线呈波动状，造成误报。

　　（3）电气设计不合理、电磁干扰严重，在热电偶信号传输过程中发生失真现象，使温度曲线波动，将产生误报和漏报。

　　（4）漏钢预报系统中，相应钢种组报警参数设置较小或较大，也会产生误报和漏报。

　　（5）算法不合理，也将产生误报和漏报。

太阳能发电也是热电偶利用的一个重要方面，目前人们在太阳能发电方面已经作出大量研究，提出了各种不同的太阳能发电方法，现在应用较多的是太阳能光伏电池发电。这里主要研究的是利用热电偶的热电效应，将热电偶串并联形成发电组件，将其热端采用聚光集热的方法用太阳能集中加热，冷端由空气自然冷却，由此形成一种新型的太阳能发电方式。

9.6　思考与练习

9.1　什么是金属导体的热电效应？试说明热电偶的测温原理。

9.2　试分析金属导体产生接触电势和温差电势的原因。

9.3　简述热电偶的几个重要定律，并分别说明它们的实用价值。

9.4　试述热电偶冷端温度补偿的几种主要方法和补偿原理。

9.5　用镍铬－镍硅（K）热电偶测量温度，已知冷端温度为 40 ℃，用高精度毫伏表测得这时的热电势为 29.188 mV，求被测点的温度。

9.6　已知铂铑$_{10}$－铂（S）热电偶的冷端温度 $t_0 = 25$ ℃，现测得热电势 $E(t, t_0) = 11.712$ mV，求热端温度是多少？

9.7　已知镍铬－镍硅（K）热电偶的热端温度 $t = 800$ ℃，冷端温度 $t_0 = 25$ ℃，求 $E(t, t_0)$ 是多少毫伏？

9.8　现用一只镍铬－康铜（E）热电偶测温。其冷端温度为 30 ℃，动圈显示仪表（机械零位在 0 ℃）指示值为 400 ℃，则认为热端实际温度为 430 ℃，对不对？为什么？正确值是多少？

9.9　用镍铬－镍硅（K）热电偶测量某炉温的测量系统如图 9-17 所示，已知：冷端温度固定在 0 ℃，$t_0 = 30$ ℃，仪表指示温度为 210 ℃，后来发现由于工作上的疏忽把补偿导线 A′和 B′相互接错了，问：炉温的实际温度 t 为多少？

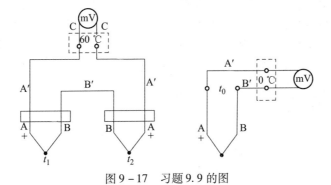

图 9-17　习题 9.9 的图

项目十

压电传感器测量加速度

10.1 项 目 描 述

　　加速度表征单位时间内速度改变程度的矢量。一般情况下，加速度是个瞬时概念，它的常用单位是 cm/s²、m/s² 等。

　　测量加速度的传感器通常由质量块、阻尼器、弹性元件、敏感元件和适调电路等部分组成。传感器在加速过程中，通过对质量块所受惯性力的测量，利用牛顿第二定律获得加速度值。根据传感器敏感元件的不同，常见的加速度传感器包括电容式、电感式、压电式、压阻式等，它也属于惯性式传感器。压电式加速度传感器的原理是利用压电陶瓷或石英晶体的压电效应，在加速度计受振时，质量块加在压电元件上的力也随之变化。当被测振动频率远低于加速度计的固有频率时，则力的变化与被测加速度成正比。

10.1.1 学习目标

知识目标：

（1）掌握压电传感器的工作原理；

（2）熟悉压电传感器的种类、结构类型；

（3）了解压电传感器的测量转换电路；

（4）熟悉压电传感器的应用。

能力目标：

（1）能够根据实际情况正确地选用压电传感器；

（2）能够正确安装压电传感器；

（3）能够使用压电传感器进行测量；

（4）能够对压电传感器的电路进行简单分析。

10.1.2　项目要求

在汽车工业高速发展的现代，汽车成为人们出行的主要交通工具之一，但是因交通事故的伤亡数量也不小。在信息化的现代利用高科技去挽救人的生命将会是重大研究的主题之一，基于加速度的车祸报警系统正是怀着这种设计理念，相信这种系统的推广，会给汽车行业带来更多的安全。

10.2　知　识　链　接

压电传感器是一种典型的发电传感器（亦称有源传感器），它是以某些物质受力后在其表面产生电荷的压电效应的压电器件为核心组成的传感器，它主要用于力的测量以及最终变换为力的那些非电量的测量。因此，压电元件是一种力敏感元件，可以测量那些最终能转换为力的非电物理量，例如力、压力、加速度、力矩等。

压电传感器具有灵敏度高、频带宽、重量轻、结构简单、体积小、工作可靠等优点。随着配套的二次仪表及低噪声、小电容、高绝缘电缆的出现，使压电传感器使用更为方便。因而，压电传感器不仅在工程力学、生物医学、电声学中得到应用，而且在超声、通信、宇航、雷达和引爆等领域也应用广泛。

10.2.1　压电传感器的工作原理

一、压电效应

压电效应有正压电效应和逆压电效应之分。1880 年，法国人居里兄弟发现了这两种效应。压电效应是晶体的物理现象，它具有方向性。

1. 正压电效应

科学家在研究中发现，某些电介质在沿一定的方向受到外力的作用变形时，由于内部电荷的极化现象，同时在它的两个相对表面上出现正负相反的电荷；当外力去掉后，又重新恢复不带电的状态。当作用力的方向改变时，电荷的极性也随之改变，这种现象称作压电效应。具有压电效应的材料称作压电材料。图 10 - 1 分别绘出了某种压电材料晶体在各种受力条件下所产生的电荷的情况。从图中可以看出，改变压电材料的变形方向，可以改变其产生的电荷的极性。实验表明，压电材料的线应变、剪应变、体积应变都可以引起压电效应，利用这些效应可以制造出感受各种外力的传感元件。用压电材料制造的传感元件称作压电元件。

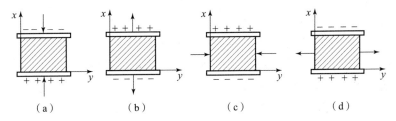

图 10 - 1　晶片上电荷极性与受力方向的关系

（a）x 轴方向受压力；（b）x 轴方向受力撤销；（c）y 轴方向受压力；（d）y 轴方向受力撤销

2. 逆压电效应（电致伸缩效应）

压电效应是可逆的，图 10 – 2 示出了逆压电效应的实验过程。当在压电元件上沿着电轴的方向施加电场，压电元件将产生机械变形或机械应力，当外加电场撤去时，这些变形或应力也随之消失。如果外加电场的大小、方向发生变化，压电元件的机械变形的大小、方向也随之发生相应变化，这种现象称作逆压电效应，也称作电致伸缩效应。可以想象，当外加电场以很高的频率按正弦规律变化时，压电元件的机械变形也将按正弦规律快速变化，使压电元件产生机械振动，超声波发射元件就是利用这种效应制作的。

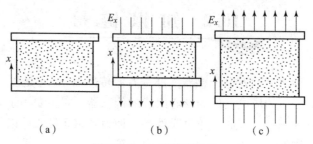

图 10 – 2　电致伸缩效应

（a）无电场，无变形；（b）向下电场，变形 $x < 0$；（c）向上电场，变形 $x > 0$

利用正压电效应制成的压电传感器，可将力、压力、振动、加速度等非电量转换为电量，从而进行精密测量。正压电效应还可应用于扬声器、电唱头等电声器件，把机械振动（声波）转换为电振动。利用逆压电效应可制成超声波发生器、声发射传感器、压电扬声器、频率高度稳定的晶体振荡器等。利用正、逆压电效应可制成压电超声波探头、压电表面波传感器、压电陀螺等。

由于外力作用在压电元件上产生的电荷只有在无泄漏的情况下才能保存，即需要测量回路具有无限大的输入阻抗，这实际上是不可能的，因此压电传感器不能用于静态测量。压电元件在交变力的作用下，电荷可以不断补充，可以供给测量回路以一定的电流，故可适用于动态测量（一般必须高于 100 Hz，但在 50 kHz 以上时，灵敏度下降）。

二、压电材料

在自然界中，大多数晶体都具有压电效应，只是十分微弱。随着人们对材料的深入研究，发现压电效应比较明显的压电材料有天然形成的石英晶体、人工制造的压电陶瓷、锆钛酸铅、钛酸钡等。迄今已出现的压电材料可分为三大类：一是压电晶体，它是一种单晶体，包括压电石英晶体和其他压电单晶；二是压电陶瓷，它是一种人工制造的多晶体，如锆钛酸铅、钛酸钡、铌酸锶等；三是新型压电材料，其中比较重要的有压电半导体和有机高分子压电材料两种，压电半导体有氧化锌（ZnO）、硫化锌（ZnS）、碲化镉（CdTe）、硫化镉（CdS）、碲化锌（ZnTe）和砷化镓（GaAs）等。

压电传感器中用得最多的是属于压电多晶的各类压电陶瓷和压电单晶中的石英晶体。其他压电单晶还有适用于高温辐射环境的铌酸锂以及钽酸锂、镓酸锂、锗酸铋等。它们都具有较大的压电系数，机械性能优良（强度高、固有振荡频率稳定）、时间稳定性好、温度稳定性好，所以它们是较理想的压电材料。

压电材料的主要特性参数有：

①压电常数。这是衡量材料压电效应强弱的参数，它直接关系到压力输出的灵敏度。

②弹性常数。压电材料的弹性常数（刚度）决定着压电器件的固有频率和动态特性。

③介电常数。对于一定形状、尺寸的压电元件，其固有电容与介电常数有关，而固有电容又影响着压电传感器的频率下限。

④机电耦合系数。它定义为：在压电效应中，转换输出的能量（如电能）与输入的能量（如机械能）之比的平方根。它是衡量压电材料机电能量转换效率的一个重要参数。

⑤电阻。压电材料的绝缘电阻将减小电荷的泄漏，从而改善压电传感器的低频特性。

⑥居里点。即压电材料开始丧失压电特性的温度。

1. 石英晶体

常见的压电晶体有天然和人造石英晶体。石英晶体，俗称水晶，其化学成分为 SiO_2（二氧化硅）。石英晶体是一种性能良好的压电晶体。其突出的优点是性能非常稳定，介电常数与压电系数的温度稳定性特别好，且居里点高，可以达到 575 ℃。此外，石英晶体还具有机械强度高、绝缘性能好、动态响应快、线性范围宽、迟滞小等优点。但石英晶体压电系数较小（ $d_{11} = 2.31 \times 10^{-12}$ C/N），灵敏度较低，且价格较贵，所以只在标准传感器、高精度传感器或高温环境下工作的传感器中作为压电元件使用。石英晶体分为天然与人造两种，天然石英晶体性能优于人造石英，但天然石英价格更高。

天然结构石英晶体的外形如图 10 - 3 所示，是一个正六面体，在晶体学中它可用三根互相垂直的轴来表示，其中 z 轴称为光轴； x 轴称为电轴；与 x 轴和 z 轴同时垂直的 y 轴（垂直于正六面体的棱面）称为机械轴。

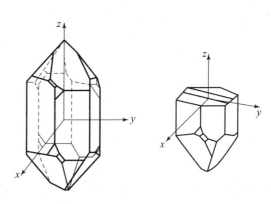

图 10 - 3　石英晶体外形图及晶轴示意图

从晶体上沿轴线方向切下的薄片称为晶体切片，简称晶片，如图 10 - 4 所示。当沿着电轴 x 方向对压电晶片施加力的作用时，将在垂直于 x 轴的表面上产生电荷，这种现象称为纵向压电效应。沿着机械轴 y 方向施加力的作用时，电荷仍出现在与 x 轴垂直的表面上，这种现象称为横向压电效应，如图 10 - 5 所示。当沿着光轴 z 方向施加力的作用时不产生压电效应。

石英晶体的突出优点是性能非常稳定，机械强度高，绝缘性能也相当好。但石英材料价格昂贵，且压电系数比压电陶瓷低得多。因此一般仅用于标准仪器或要求较高的传感器中。

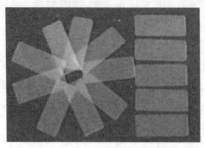
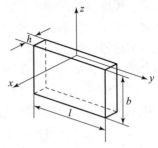

图 10 - 4　石英晶体切片图及示意图

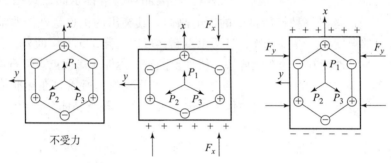

图 10 - 5　石英晶体压电效应工作原理

除了天然和人造压电晶体材料外，还有水溶性压电晶体。它有单斜晶系列和正斜晶系列两种类型。属单斜晶系的有酒石酸钾钠（$NaKC_4H_4O_6 \cdot 4H_2O$）、酒石酸乙烯二胺（$C_6H_4N_2O_6$）等；属于正斜晶系的有磷酸二氢钾（KH_2PO_4）、磷酸二氢铵（$NH_4H_2PO_4$）等。还有一些其他压电单晶、锂盐类压电单晶和铁电单晶，如铌酸锂（$LiNbO_3$）、钽酸锂（$LiTaO_3$）、锗酸锂（$LiGeO_3$）、镓酸锂（$LiGaO_3$）和锗酸铋（$Bi_{12}GeO_{20}$）等材料。近年来，以铌酸锂为典型代表的这类压电晶体在传感技术中日益得到广泛应用。

铌酸锂是一种五色或浅黄色透明铁电晶体。从结构看，它是一种多畴单晶。它必须通过极化处理后才能成为单畴单晶，从而呈现出类似单晶体的特点，即机械性能各向异性。它的时间稳定性好，居里点高达 1 200 ℃；在高温强辐射条件下，仍具有良好的压电特性，且机械性能，如机电耦合系数、介电常数、频率常数等均保持不变。此外，还具有良好的光电、声光效应，因此在光电、微声和激光等器件方面都有重要应用。不足之处是质地脆、抗机械和热冲击性差。我国研制此种材料的水平居国际领先地位。

2. 压电陶瓷

压电陶瓷是人工制造的多晶体压电材料。与石英晶体相比，压电陶瓷的压电系数很高，制造成本很低。因此，在实际中使用的压电传感器，大都采用压电陶瓷材料。压电陶瓷的弱点是，居里点较石英晶体要低 200 ℃ ~ 400 ℃，性能没有石英晶钵稳定。但随着材料科学的发展。压电陶瓷的性能正在逐步提高，主要有钛酸钡压电陶瓷、锆钛酸铅压电陶瓷、铌酸盐系压电陶瓷等。常用的压电陶瓷材料主要有以下几种：

（1）钛酸钡（$BaTiO_3$）。钛酸钡具有较高的压电系数（$d_{33} = 190 \times 10^{-12}$ C/N）和介电常数，但居里点很低（120 ℃），机械强度也不如石英晶体，目前已较少使用。

（2）锆钛酸铅系列压电陶瓷（PZT）。锆钛酸铅系列压电陶瓷的压电系数大（$d_{33} =$

（200～500）×10^{-12} C/N），居里点较高（300 ℃），工作温度可达250 ℃。且各项机电参数的温度稳定性好，性能远优于钛酸钡压电陶瓷，是目前应用最为广泛的压电材料。

硬度压电陶瓷的压电常数比石英晶体高，如钛酸钡的压电常数$d_{33}=10^7\times10^{-11}$ C/N。但介电常数、机械性能不如石英好。由于它们品种多，性能各异，可根据它们各自的特点制作各种不同的压电传感器，这是一种很有发展前途的压电元件。

压电陶瓷内部的晶粒有许多自发极化的电畴，有一定的极化方向，从而存在一定电场。在没有外电场时，电畴杂乱分布，它们各自的极化效应被相互抵消，压电陶瓷内极化强度为零。因此原始的压电陶瓷呈中性，不具有压电性质，如图10-6（a）所示。在陶瓷上施加外电场时，材料得到极化。外电场越强，就有更多的电畴更完全地转向外电场方向。当外电场去掉时，剩余极化强度很大，这时的材料才具有压电特性，如图10-6（b）所示。

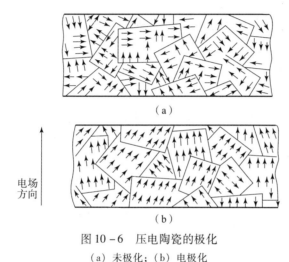

图10-6 压电陶瓷的极化

（a）未极化；（b）电极化

极化处理后陶瓷材料内部存在很强的剩余极化，当陶瓷材料受到外力作用时，电畴的界限发生移动，电畴发生偏转，从而引起剩余极化强度的变化，因而在垂直于极化方向的平面上将出现极化电荷的变化，即极化面上将出现极化电荷的变化。这种因受力而产生的机械效应转变为电效应，将机械能转变为电能的现象，就是压电陶瓷的正压电效应。声控电路中的声音传感器就可以利用压电陶瓷片来实现。

压电陶瓷具有压电常数大，灵敏度高、烧制方便、易成形、耐湿、耐高温的优点；制造工艺成熟，可以通过合理配方和掺杂等人工控制方法来达到所要求的性能；成形工艺性好，成本低廉，得到了广泛的应用。

3. 新型压电材料

1）压电半导体

有些晶体材料既有半导体性质，又有压电效用，如硫化锌（ZnS）、碲化镉（CdTe）、氧化锌（ZnO）、硫化镉（CdS）、碲化锌（ZnTe）和砷化镓（GaAs）等。因此既可用其压电性研制传感器，又可用其半导体特性制作电子器件；也可以两者结合，集元件与线路于一体，研制成新型集成压电传感器测试系统。近些年，就有利用氧化锌的压电效应来制作纳米发电机，实习纳米机器的自我供电。

2）高分子压电材料

某些合成高分子聚合物经延展拉伸和电场极化后，形成具有一定压电性能的薄膜，称之为高分子压电薄膜。目前常见的压电薄膜有聚氟乙烯（PVF）、聚偏氟乙烯（PVF2）、聚氯乙烯（PVC）和尼龙 11 等。与传统的压电材料相比，这些材料的优点是质轻柔软，抗拉强度较高、蠕变小、耐冲击，体电阻达 10^{12} $\Omega \cdot m$，击穿强度为 $150 \sim 200$ kV/mm，声阻抗近于水和生物体含水组织，热释电性和热稳定性好，易制成任意形状及面积不等的片或管等，且便于大批生产和大面积使用，可制成大面积阵列传感器乃至人工皮肤。在力学、声学、光学、电子、测量、红外、安全报警、医疗保健、军事、交通、信息工程、办公自动化、海洋开发、地质勘探等技术领域应用十分广泛。

另一类是在高分子化合物中掺有压电 $BaTiO_3$ 粉末，制成高分子压电薄膜。这种复合压电材料同样既保持了高分子压电薄膜的柔软性，又具有较高的压电特性和机电耦合系数。

10.2.2　压电传感器的等效电路和测量电路

一、压电晶片的连接方式

压电晶片产生电荷的两个晶面封装上金属电极后，就构成了压电元件，如图 10 - 7（a）所示。当压电元件受力时，就会在两个电极上产生等量的正、负电荷，因此，压电元件相当于一个电荷源；两个电极之间是绝缘的压电介质，使其又相当于一个电容器，如图 10 - 7（b）所示。

制作压电传感器时，可采用两片或两片以上具有相同性能的压电晶片粘连在一起使用。由于压电晶片有电荷极性，故连接方式有两种：串联式与并联式。

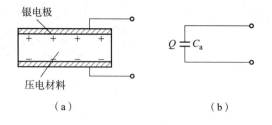

（a）　　　　　　　　　（b）

图 10 - 7　压电元件及等效电路

（a）压电元件；（b）等效电路

1. 串联式接法

两个压电片不同的极性端粘结在一起，从电路上看是串联的；中间粘结处电荷中和，电荷量与单片相同，电容量为单片的一半，输出电压增大了一倍。串联接法输出电压大，适用于以电压做输出信号，并且测量电路输入阻抗高的场合。如图 10 - 8（a）所示，上正下负（上 + 下 -），中间为负、正，所以相当于两个晶片串联在一起。输出电压为单片的 2 倍，输出电荷等于单片电荷，输出电容为单电容的 1/2，即：

$$U' = 2U \qquad q' = q \qquad C' = \frac{1}{2}C \tag{10 - 1}$$

2. 并联式接法

两个压电片的负端连在一起，中间插入的金属电极为压电片负极，正电极在两边的电极上，类似于两个电容的并联。并联接法的输出电荷为单片的 2 倍，电容量增加一倍，输出电压与单片相同，适用在测量慢变信号并以电荷作为输出量的场合。如图 10 - 8（b）所示，上正下正（上 + 下 +），中间为负，两个晶片并联，输出电压为单片电压，输出电荷为单片的 2 倍；输出电容为单片的 2 倍，即：

$$U' = U \qquad q' = 2q \qquad C' = 2C \tag{10-2}$$

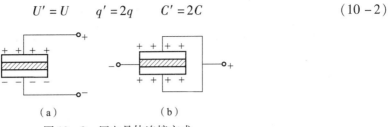

图 10 - 8 压电晶体连接方式

(a) 串联连接方式；(b) 并联连接方式

在压电式传感器中，为了提高灵敏度，常用的是并联连接。使用时，两片压电晶片上必须有一定的预紧力，以保证压电元件在工作中始终受到压力作用，同时可消除两片压电晶片因接触不良而引起的非线性误差，保证输出信号与输入作用力之间的线性关系。

二、压电传感器的等效电路

为了更进一步分析和更有效地使用压电传感器，有必要引入压电元件的等效电路。如前所述，当压电传感器的压电元件受力时，在电极表面就会出现电荷。且两个电极表面聚集的电荷量相等，极性相反。因此，从功能上讲，压电传感器相当于一个静电荷发生器，而压电元件本身在这一过程中可以看成是一个电容器。从性能上讲，压电传感器相当于一个有源电容器，其电容量 C_a 为：

$$C_a = \frac{\varepsilon_0 \varepsilon_r S}{h} \tag{10-3}$$

式中 C_a——压电元件内部电容；

ε_r——压电材料的相对介电常数；

ε_0——真空的介电常数；

S——压电元件电极面积；

h——压电晶片厚度。

因此压电传感器的等效电路有以下两种：

（1）当需要压电元件输出电荷时，可以把压电元件等效为一个电荷源与电容器相并联的电荷等效电路，如图 10 - 9（a）所示。在开路状态下，其输出端电荷和电荷灵敏度为：

$$Q = UC_a \tag{10-4}$$

$$K_Q = \frac{Q}{F} = \frac{UC_a}{F} \tag{10-5}$$

式中，U 为极板电荷形成的电压；F 为作用在压电晶片上的外力。

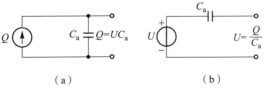

图 10 - 9 压电传感器等效电路

(a) 电荷等效电路；(b) 电压等效电路

117

（2）当需要压电传感器输出电压时，可以把压电元件等效为一个电压源与一个电容相串联的电压等效电路，如图 10－9（b）所示。在开始状态，其输出电压和电压灵敏度分别为：

$$U = \frac{Q}{C_a} \qquad (10-6)$$

$$K_U = \frac{U}{F} = \frac{Q}{C_a F} \qquad (10-7)$$

但是，必须指出，上述等效电路及其输出，只有在压电元件本身为理想绝缘（即 $R_a = \infty$）、外电路负载无穷大（$R_L = \infty$）、内部无泄漏时，受力产生的电压才能长期不变。实际上，负载不可能无穷大，那么电路就要以时间常数 $\tau = R_L C_a$ 按指数规律放电。因此，对于测量静态信号以及低频准静态信号时极为不利，必然会带来测量误差。所以压电传感器不宜作静态测量，只能在其上加交变力，电荷才能不断得到补充，以供给测量电路一定的电流，故压电传感器只宜作动态测量。

由于压电元件的输出信号非常微弱，一般要把其输出信号经配套的二次仪表进行信号放大与阻抗变换，所以还应考虑转换电路的输入电阻与输入电容，以及连接电缆的传输电容等因素的影响。实际的等效电路如图 10－10 所示，其中图 10－10（a）为电荷等效电路，图 10－10（b）为电压等效电路。其中有前置放大器输入电阻 R_i，输入电容 C_i，连接电缆的传输电容 C_c，压电传感器的绝缘电阻 R_a。

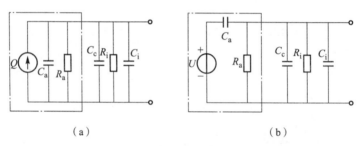

（a）　　　　　　　　　　　（b）

图 10－10　压电传感器在测量系统中的实际等效电路
（a）电荷等效电路；（b）电压等效电路

三、压电传感器的测量电路

由于压电传感器是一个有源电容器，就必然存在与电容传感器相同的弱点，具体如下。

（1）压电传感器的内阻极高，使得压电传感器难以直接使用一般放大器，通常应将传感器的输出信号输入到测量电路的高输入阻抗前置放大器中变换成低阻抗输出信号，然后再送到测量电路的放大、检波、数据处理电路或显示设备。

（2）输出功率小，因此必须进行前置放大，且要求放大倍数大、灵敏度高、输入阻抗 R_i 大。由此可见，压电传感器测量电路中的关键部分是前置放大器，而这个前置放大器必须具备两个功能：一是放大，把压电传感器的微弱信号放大；二是阻抗变换，把压电传感器的高阻抗输出变换为前置放大器的低阻抗输出。

总之，压电传感器的输出端必须先接入一个输入阻抗很高的前置放大器，再接一般放大器。由于压电传感器的测量电路有电荷型与电压型两种，相应的前置放大器也有电荷型与电压型两种形式。

1）电压放大器（又称阻抗变换器）

压电传感器相当于一个静电荷发生器或电容器。为了尽可能保持压电传感器的输出电压（或电荷）不变，要求电压放大器具有很高的输入阻抗（大于 1 000 MΩ）和很低的输出阻抗（小于 100 MΩ）。图 10 – 11（a）是压电传感器与电压放大器连接后的等效电路，图 10 – 11（b）是进一步简化后的电路图。

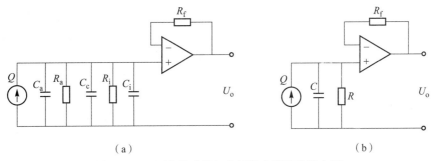

图 10 – 11　压电传感器与电压放大器的连接电路
（a）等效电路；（b）简化电路

图 10 – 11（b）中的等效电阻 R 为：

$$R = R_a /\!/ R_i = \frac{R_a R_i}{R_a + R_i} \qquad (10-8)$$

等效电容 C 为：

$$C = C_a /\!/ C_c /\!/ C_i = C_a + C_c + C_i \qquad (10-9)$$

则放大器的输入电压为：

$$U_i = \frac{Q}{C} = \frac{Q}{C_a + C_i + C_c} \qquad (10-10)$$

从上式中可以看出，电压放大器的输入电压与屏蔽电缆线的分布电容 C_c 及放大器的输入电容 C_i 有关，导致电压放大器的输出电压也与 C_c 和 C_i 有关，它们均是不稳定的，会影响测量结果，因此实际使用时，不能随意更换传感器出厂时的连接电缆，否则会给测量带来误差。

2）电荷放大器

电荷放大器实际上是一个高增益放大器，其与压电传感器连接后的等效电路如图 10 – 12 所示。

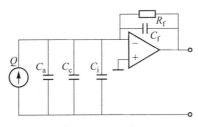

图 10 – 12　电荷放大器

由于运算放大器的输出采用了场效应晶体管，因此放大器的输入阻抗极高，R_i 可达 $10^{10} \sim 10^{12}$ Ω，而 R_a 本身很大，可近似视为无穷大，所以以图 10 – 12 中未再画出。R_i 是直流反馈电阻，作用是稳定放大器的直流工作点。C_f 为反馈电容，C_a、C_c、C_i 的作用同前。反馈电容折算到放大器输入端的等效电容为 $(1+k)C_f$，则放大器的输出电压 U_o 为：

$$U_o = -kU_i = \frac{-kQ}{C_a + C_c + C_i + (1+k)C_f} \qquad (10-11)$$

由于 k 很大（一般 k 为 $10^4 \sim 10^6$，可使 $(1+k)C_f \gg C_a + C_c + C_i$，则 U_o 近似为：

$$U_o \approx \frac{-kQ}{(1+k)C_f} \approx -\frac{Q}{C_f} \qquad (10-12)$$

由上式可以看出，电荷放大器的输出电压只与反馈电容有关，而与连接电缆的传输电容无关，因此更换连接电缆时不会影响传感器的灵敏度，这是电荷放大器的最突出的优点。

在实际电路中，考虑到被测物理量的不同量程，反馈电容的容量选为可调的，范围一般在 $100 \sim 1\,000$ pF 内。电荷放大器的测量下限主要由反馈电容与反馈电阻决定，电荷放大器的低频响应也比电压放大器好很多，可用于变化缓慢的力的测量。

特别注意的是：这两种放大器电路的输入端都要加过载保护电路，以免在传感器过载时，产生过高的输出电压。

10.2.3 压电传感器的组成及结构

压电式力传感器是以压电元件为转换元件，输出电荷与作用力成正比的力－电转换装置。压电式力传感器的种类很多，在工程实际应用中，根据其测力的情况，分为单分量力传感器与多分量力传感器。压电式力传感器多为荷重垫圈式结构，它由底座、传力上盖、压电晶片、电极、绝缘套、电极引出端子构成。

图 10－13 为压电式单向测力传感器的结构示意图。两块压电晶片反向叠在一起，中心电极 3 为负极，底座与传力上盖形成正极，绝缘套使正负极隔离。压电元件采用并联接法，提高了传感器的电荷灵敏度。

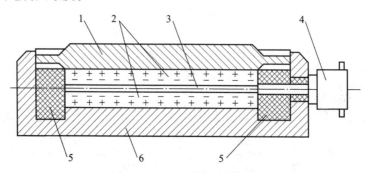

图 10－13 压电式单向测力传感器

1—传力上盖；2—压电晶片；3—中心电极；4—引出端子；5—绝缘套；6—底座

被测力通过传力上盖使压电元件受压力作用而产生电荷。由于传力上盖的弹性形变部分的厚度很薄，只有 $0.1 \sim 0.5$ mm，因此灵敏度非常高。这种力传感器体积小，重量轻（10 克左右），分辨力可达 10^{-3} g，固有频率为 $50 \sim 60$ kHz，主要用于频率变化小于 20 kHz 的动态力的测量。其典型应用有，在机床动态切削力的测试中作力传感器；在表面粗糙度测量仪中作力传感器；在测量轴承支座反力时作力传感器。

使用中，压电元件装配时必须施加较大的预紧力，以消除各部件与压电元件之间、压电元件与压电元件之间因加工粗糙造成接触不良而引起的非线性误差，使传感器工作在线性范围。表10-1给出了 YDS-78 型压电式力传感器的性能参数。

表10-1　YDS-78 型压电式力传感器的性能指标

测力范围	0~500 kg	最小分辨力	0.1 g
绝缘电阻	$2 \times 10^{14}\ \Omega$	固有频率	50~60 kHz
非线性误差	$< \pm 1\%$	重复性误差	$<1\%$
电荷灵敏度	38~44 pC/kg	质量	10 g

10.3　项目实施

10.3.1　任务分析

1. 电荷灵敏度

压电式加速度传感器一般采用 PZT 压电陶瓷材料，利用晶体材料在承受一定方向的应力或形变时，其极化面会产生与应力相应的电荷，压电元件表面产生的电荷正比于作用力，因此有

$$Q = dF$$

式中，Q 为电荷量；d 为压电元件的压电常数；F 为作用力。

加速度计的电荷灵敏度则是加速度计输出的电荷量与其输入的加速度值之比。电荷量的单位取 pC，加速度单位为 m/s^2（$g = 9.8\ m/s^2$）。

2. 频率响应

（1）谐振频率，为加速度计安装时的共振频率，随产品附有谐振频率曲线。

（2）频率响应一般采用谐振频率的 1/3~1/5。加速度计频率响应在 1/3 谐振频率时，频率响应与参考灵敏度偏差 ≤1 dB，（误差 <10%）。频率响应在 1/5 谐振频率时，频率响应与参考灵敏度偏差 ≤0.5 dB（误差 <5%）。

3. 横向灵敏度

加速度计受到垂直于安装轴线的振动时，仍有信号输出，即垂直于轴线的加速度灵敏度与轴线加速度之比，称为横向灵敏度。

电荷输出的压电式加速度计配合电荷放大器，如图10-14 所示，其系统的低频响应下限主要取决于放大器的频响。

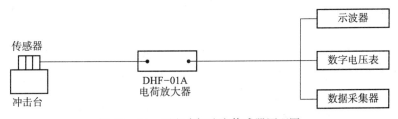

图10-14　压电式加速度传感器原理图

10.3.2 实施步骤

（1）将实训台上的"压电式加速度传感器"和"变送器挂箱"上的"电荷放大器"连接起来。

（2）用3号实验导线按照图10-15接线，然后按下"直流电压表"的2 V挡琴键开关，此时直流电压表选择2 V挡。

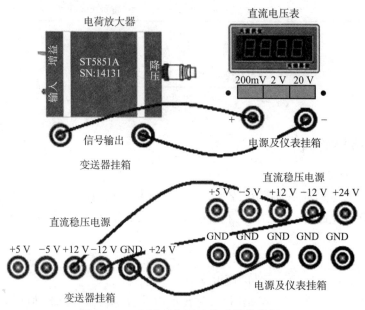

图10-15 压电式加速度传感器接线图

（3）合上"电源及仪表挂箱"总电源，电源指示灯亮。

（4）用手轻轻地敲击压电式加速度传感器，观察直流电压表的变化。

（5）实验结束，将电源关闭后将导线整理好，放回原处。

10.4 知识拓展

常见压电传感器的应用：

（1）测量力。压电传感器主要利用石英晶体的纵向和剪切的压电效应，因为石英晶体刚度大、滞后小、灵敏度高、线性好、工作频率宽、热释电效应小。力传感器除可测单向作用力外还可利用不同切割方向的多片晶体依靠其不同的压电效应测量多方向力，如空间作用力3个方向的分力 F_x、F_y、F_z。

（2）测量压力。压电式压力传感器主要利用弹性元件（膜片、活塞等）收集压力，变成作用于晶体片上的力，因为弹性元件所用材料的性能对传感器的特性有很大影响。

（3）测量加速度。压电式加速度传感器是利用质量块 m 由预紧力压在晶体片上，当被测加速度 a 作用时，晶体片会受到惯性力 $F = ma$，由此产生压电效应，因此质量块的质量决定了传感器的灵敏度，也影响着传感器的高频响应。

10.5　应　用　拓　展

1. 其他加速度测量

压电式加速度传感器是输出电荷与加速度成正比的转换装置。由于它具有结构简单、工作可靠、精度较高的优点，目前已成为冲击振动测量技术中使用非常广泛的一种传感器。

图 10-16 是压电式加速度传感器的结构原理图。图中压电元件由两片压电晶片并联连接组成；压电元件放在底座上，上面用硬弹簧或螺帽将一个质量块压紧在压电晶片上。

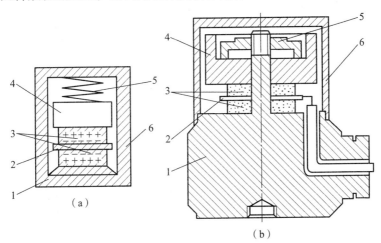

图 10-16　压电式加速度传感器

（a）原理图；（b）结构图

1—底座；2—电极；3—压电晶片；4—质量块；5—弹性元件；6—外壳

测量时，将底座与被测量加速度的构件刚性地连接在一起，使质量块感受与构件完全相同的运动。当构件产生加速度时，质量块将产生惯性力 F_1，其方向与加速度方向相反，大小为 $F_1 = ma$。此惯性力与预紧力 F_0 叠加后作用在压电元件上。使得作用在压电元件上的压力 F 为：

$$F = F_0 + F_1 = F_0 + ma \qquad (10-13)$$

压电元件上产生与加速度 a 对应的电荷，即

$$Q = d_{11}F = d_{11}\ (F_0 + ma) \qquad (10-14)$$

式中　d_{11}——压电系数；

　　　m——质量块质量；

　　　a——构件加速度。

图 10-17 给出了 $Q-F$ 的函数关系。从图中可以看到，Q_0 为静态工作点电荷量，与 ma 对应的是电荷的增量 ΔQ，即

$$\Delta Q = d_{11} \times ma \qquad (10-15)$$

工作时，将压电元件产生的电荷输出给电荷放大器，则电荷放大器的输出电压的增量 Δu_o 为：

123

$$\Delta u_{o} = -\frac{\Delta Q}{C_{f}} = \frac{d_{11}ma}{C_{f}} \qquad (10-16)$$

由上式可知，电荷放大器的输出电压的增量 Δu_{o} 与加速度 a 成正比。因此，只要将 Δu_{o} 测出，即可测出构件的加速度。如果在电路中增加一级或两级积分电路，还可测出构件的速度或位移量。

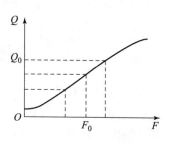

图 10 - 17　$Q-F$ 关系曲线

2. 振动测量

用压电式加速度传感器可以进行振动测量，如图 10 - 18 所示。压电式加速度传感器量程大、频带宽、体积小、重量轻，因此广泛应用于航空、航天、兵器、船舶、车辆、机床等系统的振动测量、冲击测试、动平衡校准等方面。例如，在波音 747 等大型客运飞机上，为了保证飞行安全，安装了数百个监测用压电式加速度传感器，监测各个部件的振动情况。在火力发电厂，为了监测汽轮机组的主轴工作情况，可以通过压电式加速度传感器监测主轴的动平衡状况。

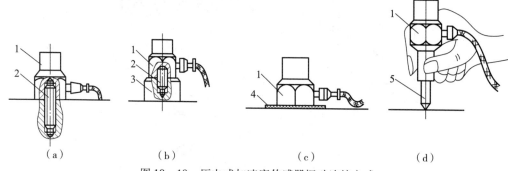

（a）　　　　　（b）　　　　　（c）　　　　　（d）

图 10 - 18　压电式加速度传感器振动连接方式

（a）双头螺丝固定；（b）磁铁吸附；（c）胶水黏结；（d）手持探针式

1—压电式加速度传感器；2—双头螺丝；3—磁钢；4—黏结剂；5—顶针

3. 膜片式压力测量

膜片式压电压力传感器主要由壳体、弹性敏感元件、压电元件等组成。图 10 - 19 为膜片式压电压力传感器的结构示意图。其弹性敏感元件采用了弹性膜片，使结构紧凑。为保证传感器在较高的环境温度条件下能长时间稳定地工作，采用石英晶片作压电元件。装配时应通过拧紧芯体而施加一定的预紧力，使传感器能感受交变压力。这种传感器结构紧凑、动态质量小，因而具有很高的谐振频率，可以适应很高频率的动态压力测量。

工作时气体或流体压力作用在膜片上，经过传力块作用到压电元件上。设流体压力为 P，膜片工作面积为 A，则有

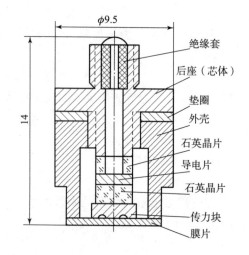

绝缘套
后座（芯体）
垫圈
外壳
石英晶片
导电片
石英晶片
传力块
膜片

图 10 - 19　膜片式压电压力
传感器结构示意图

$$Q = 2d_{11}F = 2d_{11}PA \tag{10-17}$$

即电荷 Q 与压力成正比，实现了流体压力的电测量。

与传统的压力仪表相比，压电式压力传感器能在复杂条件下工作。例如在航空发动机燃烧室内压力测量、内燃机气缸压力测量、大型液压系统的冲击压力测量、液压轴承油膜压力测量中，都得到了广泛的应用，而使用传统压力传感器是很难在这么复杂的条件下正常工作的。

4. 单向力测量

压电式单向测力传感器主要由石英晶片、绝缘套、电极、上盖及底座等组成。传感器上盖为传力元件，当外力作用时，它将产生弹性变形，将力传递到石英晶片上，利用其压电效应，实现力 - 电转换。配以适当的放大器即可测量动态或静态力。图 10 - 20 是一种用于机床动态切削力测量的单向压电石英力传感器的结构示意图。它用两块晶片作为传感元件，被测力通过传力上盖使石英晶片沿电轴方向受压力作用，由于纵向压电效应使石英晶片在电轴方向上出现电荷，两块晶片沿电轴方向叠加，负电荷由片形电极输出，压电晶片正电荷一侧与底座连接。两片并联可提高其灵敏度。压力元件弹性变形部分的厚度较薄，其厚度由测力大小决定。这种结构的单向测力传感器体积小、重量轻（质量仅 10 g）、固有频率高（50 ~ 60 kHz），可检测高达 5 000 N 的动态力。

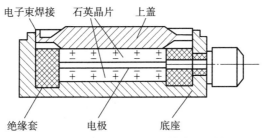

图 10 - 20　压电式单向测力传感器结构图

图 10 - 21 是利用压电陶瓷传感器测量刀具切削力的示意图。由于压电陶瓷元件的自振频率高，特别适合测量变化剧烈的载荷。图中压电陶瓷传感器位于车刀前部的下方，当进行切削加工时，切削力通过刀具传给压电陶瓷传感器，压电陶瓷传感器将切削力转换为电信号输出，记录下电信号的变化便测得切削力的变化。

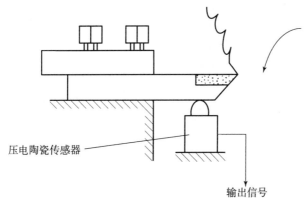

图 10 - 21　压电式刀具切削力测量示意图

5. 制作压电电源

利用正压电效应研制的压电电源，如煤气灶、热水器、汽车发动机的自动点火装置，在它们简单的结构中，都有一块经过极化处理的压电陶瓷。如果用落下的铁球，冲击压电陶瓷，受冲击的压电陶瓷就会产生上万伏的电压，同时进行放电。

6. 制作电子血压计

用压电陶瓷来作血压计的传感器，当人体的脉搏发出强弱的跳动时，受感应的压电陶瓷便把振动转为电能。

7. 制作蜂鸣器、麦克风、扬声器

蜂鸣器、麦克风、扬声器等利用了压电陶瓷逆压电效应原理。

安装在麦克风上的压电晶片会把声音的振动转变为电流的变化。声波一碰到压电薄片，就会使薄片两端电极上产生电荷，其大小和符号随着声音的变化而变化。这种压电晶片上电荷的变化，再通过电子装置，可以变成无线电波传到遥远的地方。这些无线电波为收音机所接收，并通过安放在收音机喇叭上的压电晶体薄片的振动，又变成声音回荡在空中。

8. 制作石英晶体谐振器

石英晶体谐振器的原理是在石英晶片两面的金属电极上施加电压，利用石英晶体的逆压电效应使石英晶片产生机械振动，从而得到特定的频率。

9. 高分子压电材料的应用

1）玻璃打碎报警装置

玻璃破碎时会发出几千赫兹的振动。将高分子压电薄膜粘贴在玻璃上，可以感受到这一振动，图10－22为高分子压电薄膜振动感应片示意图。高分子薄膜厚约0.2 mm，用聚偏二氟乙烯（PVDF）薄膜制成10 mm×20 mm大小。在它的正、反两面各喷涂透明的二氧化锡导电电极，也可以用热印制工艺制作铝薄膜电极，再用超声波焊接上两根柔软的电极引线，并用保护膜覆盖。使用时，用胶将其粘贴在玻璃上，当玻璃遭到暴力打碎时，压电薄膜感受到剧烈振动，便在两个输出引脚之间产生窄脉冲信号，该信号经放大后，用电缆输送到集中报警装置上，产生报警信号。由于感应片很小且透明，不易察觉，所以可安装于贵重物品柜台、展览橱窗等。

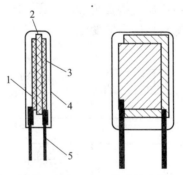

图10－22　高分子压电薄膜振动感应片

1—正面透明电极；2—PVDF薄膜；3—反面透明电极；4—保护膜；5—引脚

2）压电式周界报警系统。

将长的压电电缆埋在泥土的浅表层，可起分布式地下麦克风或听音器的作用，可在几十米范围内探测人的步行，对轮式或履带式车辆也可以通过信号处理系统分辨出来。周界报警系统中常用的传感器材料有地音传感器，高频辐射漏泄电缆，红外激光遮断式、微波多普勒式、高分子压电电缆等。压电式周界报警系统如图 10-23 所示。在警戒区的四周埋设多根以高分子压电材料为绝缘物的单芯屏蔽电缆。屏蔽层接大地，它与电缆芯线之间以 PVDF 为介质而构成分布电容，当入侵者踩到电缆上面的柔性地面时，该压电电缆受到挤压，产生压电脉冲，引起报警。通过编码电路，还可以判断入侵者的大致方位。压电电缆可长达数百米，可警戒较大的区域，不易受电、光、雾等的干扰，费用也比采用微波等方法便宜。

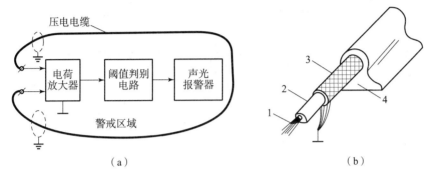

图 10-23　压电周界报警系统

（a）原理框图；（b）高分子压电电缆

1—铜芯线（分布电容内电极）；2—管状高分子压电塑料绝缘层；

3—铜网屏蔽层（分布电容外电极）；4—橡胶保护层（承压弹性元件）

3）交通监测

将高分子压电电缆埋在公路上，可以获取车型分类信息（包括轴数、轴距、轮距、单双轮胎）、车速监测、收费站地磅、闯红灯拍照、停车区域监控、交通数据信息采集（道路监控）及机场滑行道等信息。将两根高分子压电电缆相距若干米，平行埋设于柏油公路的路面下约 5 cm，可以用来测量车速及汽车的载重量，并根据存储在计算机内部的档案数据，判定汽车的车型。

超声波传感器探伤

11.1 项目描述

超声波传感器是利用超声波的特性研制而成的传感器。超声波是一种振动频率高于声波的机械波，由换能晶片在电压的激励下发生振动产生的，它具有频率高、波长短、绕射现象小，特别是方向性好、能够成为射线而定向传播等特点。超声波对液体、固体的穿透本领很大，尤其在阳光不透明的固体中，它可穿透几十米的深度。超声波碰到杂质或分界面会产生显著反射形成反射回波，碰到活动物体能产生多普勒效应。因此超声波检测广泛应用在工业、国防、生物医学等方面。

11.1.1 学习目标

知识目标：

(1) 掌握超声波传感器的工作原理；

(2) 熟悉超声波传感器的种类、结构类型；

(3) 了解超声波传感器的测量转换电路；

(4) 熟悉超声波传感器的应用。

能力目标：

(1) 能够根据实际情况正确地选用超声波传感器；

(2) 能够正确安装超声波传感器；

(3) 能够使用超声波传感器进行测量；

(4) 能够对超声波传感器的电路进行简单分析。

11.1.2 项目要求

在工业方面，超声波被广泛应用。过去，许多技术因为无法探测到物体组织内部而受到阻碍，超声波传感技术的出现改变了这种状况。当然更多的超声波传感器是固定地安装在不同的装置上，"悄无声息"地探测人们所需要的信号。在未来的应用中，超声波将与信息技术、新材料技术结合起来，将出现更多的智能化、高灵敏度的超声波传感器。

11.2 知识链接

超声波传感器是将超声波信号转换成其他能量信号（通常是电信号）的传感器。超声波是振动频率高于 20 kHz 的机械波。它具有频率高、波长短、绕射现象小，特别是方向性好、能够成为射线而定向传播等特点。超声波对液体、固体的穿透本领很大，尤其是在阳光不透明的固体中。超声波碰到杂质或分界面会产生显著反射形成反射回波，碰到活动物体能产生多普勒效应。超声波传感器广泛应用在工业、国防、生物医学等方面。

11.2.1 超声波传感器的工作原理

超声波传感器是将声音信号转换成电信号的声/电转换装置，习惯上又称为超声波换能器或超声波探头，它是利用超声波产生、传播及接收的物理特性工作的。

人们能听到声音是由于物体振动产生的，它的频率在 20 Hz ~ 20 kHz 范围内，超过 20 kHz 的声波称为超声波，低于 20 Hz 的声波称为次声波。常用的超声波频率为几十 kHz ~ 几十 MHz。对于不同频率的波形，从材料返回的波形是不同的。当超声波进入材料后将在材料中产生机械振动。超声波在被检测材料中传播时，材料的声学特性和部件组织的变化会对超声波的传播产生一定的影响，通过对超声波受影响程度和状况的探讨可了解材料性能和结构的变化。

11.2.2 超声波传感器的组成及结构

1. 超声波传感器的类型

超声波探头按其工作原理可分为压电式、磁致伸缩式、电磁式等，其中以压电式最为常用。压电式超声波探头常用的材料是压电晶体和压电陶瓷，这种传感器统称为压电式超声波探头。它是利用压电材料的压电效应来工作的：逆压电效应将高频电振动转换成高频机械振动，从而产生超声波，可作为发射探头；而正压电效应是将超声振动波转换成电信号，可作为接收探头。

2. 超声波传感器的组成结构

超声波探头结构如图 11 - 1 所示，它主要由压电晶片、吸收块（阻尼块）、保护膜、引线等组成。当它的两极外加脉冲信号，其频率等于压电晶片的固有振荡频率时，压电晶片将会发生共振，并带动共振板振动，便产生超声波。反之，如果两电极间未外加电压，当共振板接收到超声波时，将压迫压电晶片作振动，将机械能转换为电信号，这时它就成为超声波接收器了。

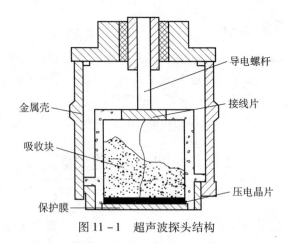

图 11-1 超声波探头结构

压电晶片多为圆板形，厚度为 δ。超声波频率 f 与其厚度 δ 成反比。压电晶片的两面镀有银层，作导电的极板。

阻尼块的作用：降低晶片的机械品质，吸收声能量。如果没有阻尼块，当激励的电脉冲信号停止时，晶片将会继续振荡，加长超声波的脉冲宽度，使分辨率变差。

还有部分超声波传感器采用对射式的检测模式。一套对射式超声波传感器包括一个发射器和一个接收器，两者之间持续保持"收听"。位于接收器和发射器之间的被检测物将会阻断接收器接收发射的声波，从而使传感器产生开关信号。

11.2.3 超声波换能器及耦合技术

超声波换能器有时又称超声波探头。超声波换能器的工作原理有压电式、磁致伸缩式、电磁式等数种，在检测技术中主要采用压电式。由于其结构不同，换能器又分为直探头、斜探头、双探头、表面波探头、聚焦探头、冲水探头、水浸探头、空气传导探头以及其他专用探头等，超声波探头结构示意图如图 11-2 所示。

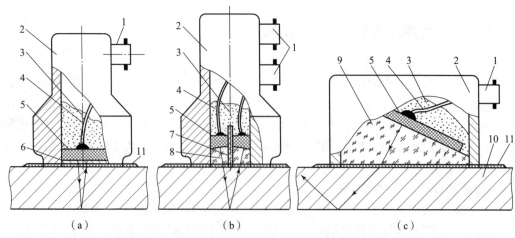

图 11-2 超声波探头结构示意图

（a）单晶直探头；（b）双晶直探头；（c）斜探头

1—接插件；2—外壳；3—阻尼块；4—引线；5—压电晶片；6—保护膜；

7—隔离层；8—延迟块；9—有机玻璃斜楔块；10—试件；11—耦合剂

一、以固体为传导介质的超声波探头

1）单晶直探头

发射超声波时，将500 V以上的高压电脉冲加到压电晶片上，利用逆压电效应，使晶片发射出一束频率落在超声范围内、持续时间很短的超声振动波。

超声波到达被测物底部后，超声波的绝大部分能量被底部界面反射。反射波经过一短暂的传播时间后回到压电晶片。利用压电效应，晶片将机械振动波转换成同频率的交变电荷和电压。由于衰减等原因，该电压通常只有几十毫伏，还应加以放大，才能在显示器上显示出该脉冲的波形和幅值。

超声波的发射和接收虽然均是利用同一块晶片，但时间上有先后之分，所以单晶直探头是处于分时工作状态，必须用电子开关来切换这两种不同的状态。

2）双晶直探头

双晶直探头由两个探头组合而成，装配在同一壳体内，其中一片晶片发射超声波，另一片晶片接收超声波。两晶片之间用一片吸声性能强、绝缘性能好的薄片加以隔离，使超声波的发射和接收互不干扰。其结构虽然复杂些，但检测精度比单晶直探头高，且超声信号的反射和接收的控制电路较单晶直探头简单。

3）斜探头

为了使超声波能倾斜入射到被测介质中，可使压电晶片粘贴在与底面成一定角度（如30°、45°等）的有机玻璃斜楔块上，当斜楔块与不同材料的被测介质（试件）接触时，超声波产生一定角度的折射，倾斜入射到试件中去。

4）聚焦探头

由于超声波的波长很短（毫米数量级），所以它也类似光波，可以被聚焦成十分细的声束，其直径可小到1 mm左右，可以分辨试件中细小的缺陷，这种探头称为聚焦探头，如图11-3所示。

聚焦探头采用曲面晶片来发出聚焦的超声波；也可以采用两种不同声速的塑料来制作声透镜；也可以利用类似光学反射镜的原理制作凹面声透镜来聚焦超声波。

二、以空气为传导介质的超声波探头

发射器的压电晶片上必须粘贴一只锥形共振盘，以提高发射效率和方向性。接收器在共振盘上还增加了一只阻抗匹配器，以滤除噪声、提高接收效率，如图11-4所示。

空气传导型超声波发射器和接收器的有效工作范围：几米至几十米。

三、耦合剂

超声波探头与被测物体接触时，超声波探头与被测物体表面间存在一层空气薄层，空气将引起三个界面间强烈的杂乱反射波，造成干扰，并造成很大的衰减。为此，必须将接触面之间的空气排挤掉，使超声波能顺利地入射到被测介质中。在工业中，经常使用一种称为耦合剂的液体物质，使之充满在接触层中，起到传递超声波的作用。常用的耦合剂有自来水、机油、甘油、水玻璃、胶水、化学糨糊等。

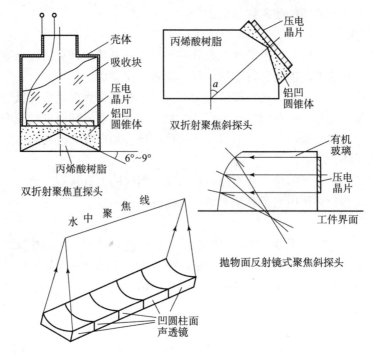

壳体
吸收块
压电晶片
铝凹圆锥体
丙烯酸树脂
6°~9°

双折射聚焦直探头

丙烯酸树脂
压电晶片
铝凹圆锥体
a

双折射聚焦斜探头

有机玻璃
压电晶片
工件界面

抛物面反射镜式聚焦斜探头

水中聚焦线
凹圆柱面声透镜

阵列式（多晶片）水浸线聚焦探头

图 11-3　聚焦探头的原理与结构

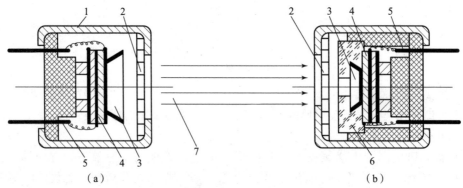

（a）　　　　　　　　　　　（b）

图 11-4　空气传导型超声波发射器、接收器的结构

（a）超声波发射器；（b）超声波接收器

1—外壳；2—金属丝网罩；3—锥形共振盘；4—压电晶片；5—引脚；

6—阻抗匹配器；7—超声波束

11.3　项目实施

11.3.1　任务分析

超声波液位传感器集非接触开关、控制器、变送器三种功能于一体。由于其灵活的设计，可以应用于综合系统或者替代浮球开关、电导率开关和静压式传感器，也适用于流体控制和化工供料系统的综合应用，超声波液位传感器对于机器、刹车等设备的小储罐的应用也是很好的选择。

超声波传感器在微处理器的控制下发射和接收超声波，并由超声波在空中的传播时间 t 来计算超声波传感器与被测物之间的距离 s，由于声波在空中传播的速度 c 是一定的，则根据 $s = ct/2$ 可计算出 s，又因为超声波传感器与容器的底部的距离 H 是一定的，则被测物的物（液）位 $h = H - s$。

11.3.2　实施步骤

（1）用 3 号实验导线按照图 11 - 5 接线。

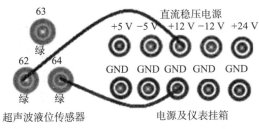

图 11 - 5　超声波液位传感器接线图

（2）将液位流量模型的上水箱上的放水阀关闭，然后用容器对上水箱进行灌水操作（注意加水不要超过刻度线）。

（3）按照超声波液位传感器的操作说明进行设置。

（4）然后打开"电源及仪表挂箱"总电源。

（5）观察此时超声波液位传感器上的显示，打开箱上的放水阀，测量不同高度下，超声波液位传感器的显示值。

（6）实验结束，将电源关闭后把导线整理好，放回原处。

11.4　知 识 拓 展

一、声波

声的发生是由于发声体的机械振动，引起周围弹性介质中质点的振动由近及远地传播，就形成声波。声波是一种机械波。

可闻声波：其频率在 $16 \sim 2 \times 10^4$ Hz 范围内，是能为人耳所闻的机械波。

次声波：低于 16 Hz 的机械波。

超声波：高于 2×10^4 Hz 的机械波。

微波：频率在 $3 \times 10^8 \sim 3 \times 10^{11}$ Hz 的波。

二、声波的波型

声源在介质中的施力方向与波在介质中的传播方向的不同，形成了不同的声波波型。通常有：

① 纵波：质点振动方向与波的传播方向一致的波，它能在固体、液体和气体介质中传播。

② 横波：质点振动方向垂直于传播方向的波，它只能在固体介质中传播。

③ 表面波：质点的振动介于横波与纵波之间，沿着介质表面传播，其振幅随深度增加而迅速衰减的波。表面波只在固体的表面传播。

三、波的折射和反射

由物理学知，当波在界面上产生反射时（见图 11-6），入射角 α 的正弦与反射角 α' 的正弦之比等于波速之比。当波在界面处产生折射时，入射角 α 的正弦与折射角 β 的正弦之比，等于入射波在第一介质中的波速 c_1 与折射波在第二介质中的波速 c_2 之比，即：

$$\frac{\sin\alpha}{\sin\beta} = \frac{c_1}{c_2} \tag{11-1}$$

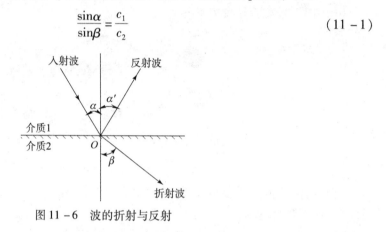

图 11-6　波的折射与反射

11.5　应 用 拓 展

一、超声波探伤

超声波探伤是利用超声波在物理介质（如被检测材料或结构）中传播时，通过被检测材料或结构内部存在的缺陷处，超声波会产生折射、反射、散射或剧烈衰减等现象，通过分析这些特性，就可以建立缺陷与超声波的强度、相位、频率、传播时间、衰减特性等之间的相互关系，由于超声波的传播特性与被检测材料或结构有着密切的关系，因此通常需要根据被检测对象选择相应的超声检测方法。

对高频超声波，由于它的波长短，不易产生绕射，碰到杂质或分界面就会有明显的反射，而且方向性好，能成为射线而定向传播；在液体、固体中衰减小，穿透本领大。这些特性使得超声波成为无损探伤方面的重要工具。

1. 穿透法探伤

穿透法探伤是根据超声波穿透工件后的能量变化状况，来判别工件内部质量的方法。穿透法用两个探头（见图 11-7），置于工件相对面，一个发射超声波，一个接收超声波。发射波可以是连续波，也可以是脉冲。在探测中，当工件内无缺陷时，接收能量大，仪表指示值大；当工件内有缺陷时，因部分能量被反射，接收能量小，仪表指示值小。根据这个变化，就可以把工件内部缺陷检测出来。

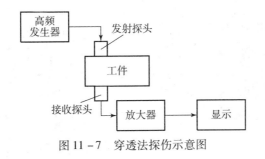

图 11 – 7 穿透法探伤示意图

2. 反射法探伤

反射法探伤是以超声波在工件中反射情况的不同，来探测缺陷的方法。下面以纵波一次脉冲反射为例，说明检测原理。

将高频脉冲发生器产生的脉冲（发射波）加在探头上，如图 11 – 8 所示，激励压电晶体振动，使之产生超声波。超声波以一定的速度向工件内部传播。一部分超声波遇到缺陷 F 时反射回来；另一部分超声波继续传至工件底面 B，也反射回来。由缺陷处及底面反射回来的超声波被探头接收时，又变为电脉冲。发射波 T、缺陷波 F 及底波经放大后，在显示器荧光屏上显示出来。荧光屏上的水平亮线为扫描线（时间基准），其长度与时间成正比。由发射波、缺陷波及底波在扫描线的位置，可求出缺陷的位置。由缺陷波的幅度，可判断缺陷大小；由缺陷波的形状，可分析缺陷的性质。当缺陷面积大于声束截面时，声波全部由缺陷处反射回来，荧光屏上只有 T、F 波，没有 B 波。当工件无缺陷时，荧光屏上只有 T、B 波，没有 F 波。

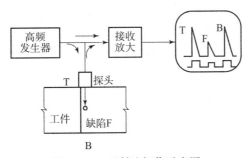

图 11 – 8 反射法探伤示意图

超声波探伤的优点是检测厚度大、灵敏度高、速度快、成本低、对人体无害，能对缺陷进行定位和定量。然而，超声波探伤对缺陷的显示不直观，探伤技术难度大，容易受到主、客观因素的影响，以及探伤结果不便保存等，使超声波探伤也有其局限性。

超声波传感器利用声波介质对被检测物进行非接触式无磨损的检测。超声波传感器对透明或有色物体，金属或非金属物体，固体、液体、粉状物质均能检测。其检测性能几乎不受任何环境条件的影响，包括烟尘环境和雨天。

3. 超声波探伤的分类

超声波探伤可分为 A、B、C 等几种类型。

1）A 型超声波探伤

A 型探伤的结果以二维坐标图形式给出。它的横坐标为时间轴，纵坐标为反射波强度。可以从二维坐标图上分析出缺陷的深度、大致尺寸，但较难识别缺陷的性质、类型。A 型超声波探伤采用超声波脉冲反射法。A 型超声波探伤仪外形如图 11 – 9 所示。

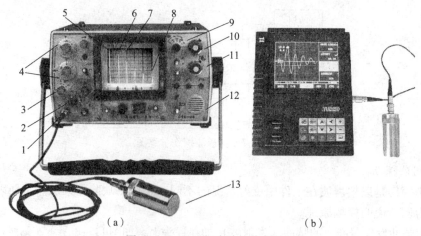

图 11 –9　A 型超声波探伤仪外形

（a）台式 A 型探伤仪；（b）便携式 A 型探伤仪

1—电缆插头座；2—工作方式选择旋钮；3—衰减细调旋钮；4—衰减粗调旋钮；5—发射波 T；6—第一次底反射波 B_1；

7—第二次底反射波 B_2；8—第五次底反射波 B_5；9—扫描时间调节旋钮；10—扫描时间微调旋钮；

11—脉冲 X 轴移位旋钮；12—报警扬声器；13—直探头

　　测试前，先将探头插入探伤仪的连接插座上。探伤仪面板上有一个荧光屏，通过荧光屏可知工件中是否存在缺陷、缺陷大小及缺陷位置。工作时探头放于被测工件上，并在工件上来回移动进行检测。探头发出的超声波，以一定速度向工件内部传播，如工件中没有缺陷，则超声波传到工件底部便产生反射，反射波到达表面后再次向下反射，周而复始，在荧光屏上出现始脉冲 T 和一系列底脉冲 B_1、B_2、B_3……如图 11 –9 所示。B 波的高度与材料对超声波的衰减有关，可以用于判断试件的材质、内部晶体粗细等微观缺陷。纵波探伤示意图如图 11 –10 所示。

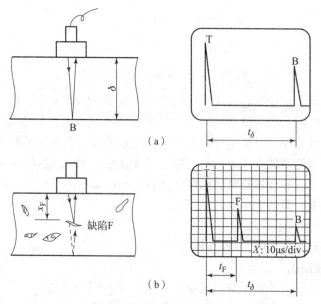

图 11 –10　纵波探伤示意图

（a）无缺陷时超声波的反射及显示波形；（b）有缺陷时超声波的反射及显示波形

2）B 型超声波探伤

B 型超声波探伤的原理类似于医学上的 B 超。它将探头的扫描距离作为横坐标，探伤深度作为纵坐标，逐次照射物体的不同区域，并接收声束所达区域内物体的散射声信号，将声信号幅度调制成荧光屏上相应位置的光点亮度，从而获得声束扫描断面内与声散射信号幅度对应的图像。扫描方式主要有线扫描和扇形扫描两种，它可以绘制被测材料的纵截面图形。探头的扫描可以是机械式的，更多的是用计算机控制一组发射晶片阵列（线阵）来完成与机械式移动探头相似的扫描动作，这样扫描速度更快，定位更准确。

3）C 型超声波探伤

目前发展最快的是 C 型探伤，它类似于医学上的 CT 扫描原理。计算机控制探头中的三维晶片阵列（面阵），使探头在材料的纵、深方向上扫描，因此可绘制出材料内部缺陷的横截面图，这个横截面与扫描声束相垂直。横截面图上各点的反射波强通过相对应的几十种颜色，在计算机的高分辨率彩色显示器上显示出来。经过复杂的算法，可以得到缺陷的立体图像和每一个断面的切片图像。

C 型超声波探伤的特点：

利用三维动画原理，分析员可以在屏幕上控制该立体图像，以任意角度来观察缺陷的大小和走向。当需要观察缺陷的细节时，还可以对该缺陷图像进行放大（放大倍数可达几十倍），并显示出图像的各项数据，如缺陷的面积、尺寸和性质。对每一个横断面都可以作出相应的解释和评判其是否超出设定标准。每一次扫描的原始数据都可记录并存储，可以在以后的任何时刻调用，并打印探伤结果。

二、超声波流量传感器

超声波流量传感器的测定方法是多样的，如传播速度变化法、波速移动法、多普勒效应法、流动听声法等。但目前应用较广的主要是超声波传播时间差法。

1. 时间差式超声波流量计

超声波在流动的液体中传播时，如顺流方向传播，则声波的速度会增大，如逆流方向传播时，则声波的速度会减小，从而会有不同的传播时间。时间差式超声波流量计正是根据这样一个基本的物理现象而工作的。通过测量两种不同的传播时间，就可以推算出管道中流体的流速。在工程实际中，为了更好地估算平均流速和平均体积流量，采用的传声通道已多达四个。

这种超声波流量传感器的工作原理如图 11 - 11 所示。在被测管道上下游的一定距离上，分别安装两对超声波发射和接收器（F_1、T_1）、（F_2、T_2），其中 F_1、T_1 的超声波是顺流传播的，而 F_2、T_2 的超声波是逆流传播的。由于这两束超声波在液体中传播速度的不同，测量两接收探头上超声波传播的时间差 t，可得到流体的平均速度及流量。

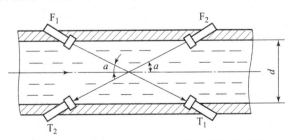

图 11 - 11　传播时间差式超声波流量计原理图

超声波在流体中传播时，在静止流体和流动流体中的传播速度是不同的，利用这一特点可以求出流体的速度，再根据管道流体的截面积，便可知道流体的流量。

根据这两束超声波在液体中传播速度的不同，测量两接收器上超声波传播的时间差，就可测量出流体的平均流速及流量。在这种方法中，流量与声速有关，而声速一般随介质的温度变化而变化，因此会造成温度漂移。为克服此缺点，可用频率差法测量流量。

2. 频率差式超声波流量计

频率差法测量流量的原理图如图 11－12 所示。F_1、F_2 是完全相同的超声波探头，安装在管壁的外面，通过电子开关的控制交替地作为超声波发射器和接收器使用。

首先由 F_1 发射出第一个超声波脉冲，它通过管壁、流体及另一侧管壁被 F_2 接收，此信号经放大后再次去触发 F_1 的驱动电路，使 F_1 发射第二个超声波脉冲，以此类推。设在一个时间间隔 t_1 内，F_1 共发射了 n_1 个脉冲，脉冲的发射频率为：

$$f_1 = n_1/t_1$$

在紧接下去的另一个相同的时间间隔 t_2（$t_1 = t_2$）内，与上述过程相反，由 F_2 发射超声波脉冲，而 F_1 作接收器。同理可以测得 F_2 的脉冲发射频率为 f_2。经推导，顺流发射频率 f_1 与逆流发射频率 f_2 的频率差 Δf：

$$\Delta f = f_1 - f_2 \approx \frac{\sin 2a}{D} v \qquad (11-2)$$

式中，Δf 只与被测流速成正比，而与声速无关，所以频率差法的温度漂移较小。

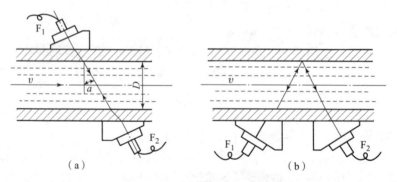

图 11－12　频率差法测量流量原理图

(a) 透射式；(b) 反射式

超声波流量传感器具有不阻碍流体流动的特点，可测的流体种类很多，不论是非导电的流体、高黏度的流体，还是浆状流体，只要能传输超声波的流体都可以进行测量。超声波流量计可用来对自来水、工业用水、农业用水等进行测量，还适用于下水道、农业灌渠、河流等流速的测量。

三、超声波液位传感器

超声波液位传感器是利用超声波在两种介质的分界面上的反射特性制成的。

超声波测量液位的基本原理（见图 11－13）是：由超声波探头发出的超声波脉冲信号，在气体中传播，遇到空气与液体的界面后被反射，接收到回波信号后计算其超声波往返的传播时间，根据媒质中的声速，就能得到从传感器到液面之间的距离，从而确定液面。考虑到环境温度对超声波传播速度的影响，可通过温度补偿的方法对传播速度予以校正，以提高测量精度。根据发射和接收换能器的功能，此类传感器又可分为单换能器和双换能器。

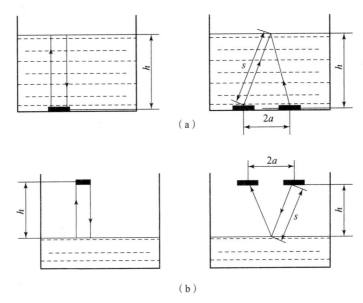

（a）

（b）

图 11 - 13　几种超声波液位传感器的结构原理示意图

（a）超声波在液体中传播；（b）超声波在空气中传播

图 11 - 14 所示为超声波液位计的原理图。

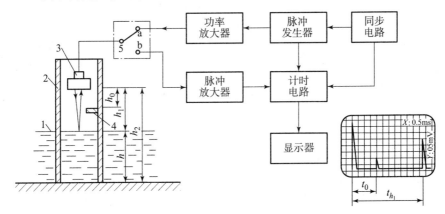

图 11 - 14　超声波液位计原理图

1—液面；2—直管；3—空气超声波探头；4—反射小板；5—电子开关

超声波测量方法有很多其他方法不可比拟的优点：

（1）无任何机械传动部件，也不接触被测液体，属于非接触式测量，不怕电磁干扰，不怕酸碱等强腐蚀性液体等，因此性能稳定、可靠性高、寿命长。

（2）其响应时间短，可以方便地实现无滞后的实时测量。

四、超声波测量厚度

超声波测厚原理是：双晶直探头中的压电晶片发射超声波振动脉冲，超声波脉冲到达试件底面时，被反射回来，并被另一只压电晶片所接收，只要测出从发射超声波脉冲到接收超声波脉冲所需的时间 t，再乘以被测体的声速常数 c，就是超声波脉冲在被测件中所经历的来回距离，再除以 2，就得到厚度 δ。其计算公式如下：

$$\delta = \frac{1}{2}ct \qquad\qquad (11-3)$$

图 11-15 所示为超声波测量厚度原理图。

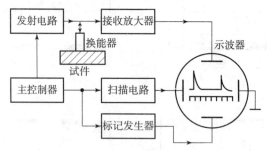

图 11-15　超声波测量厚度原理图

五、超声波的清洗作用原理

超声波的清洗作用是一个十分复杂的过程，在这里只做一简单介绍。超声波作用包括超声波本身具有的能量作用、空穴破坏时放出的能量作用以及超声波对媒液的搅拌流动作用等。

当弱的声波信号作用于液体中时，会对液体产生一定的负压，即液体体积增加，液体中分子空隙加大，形成许多微小的气泡；而当强的声波信号作用于液体时，则会对液体产生一定的正压，即液体体积被压缩减小，由于超声波以正压和负压重复交替变化的方式向前传播，负压时在媒液中造成微小的真空洞穴，这时溶解在媒液中的气体会很快进入空穴并形成气泡；而在正压阶段，空穴气泡被绝热压缩，最后被压破，在气泡破裂的瞬间对空穴周围会形成巨大的冲击，使空穴附近的液体或固体都会受到上千个大气压的高压，放出巨大的能量。这种现象在低频率范围的超声波领域激烈地产生。当空穴突然爆破时，能把物体表面的污垢薄膜击破而达到去污的目的。

另外超声波不仅有帮助媒液加快溶解污垢的作用，而且也起到搅拌作用，使媒液发生运动，新鲜媒液不断作用于污垢加速溶解。所以超声波强大的冲击力如果作用发挥适当，可促使顽固附着的污垢解离，而且清洗力不均匀的情况得以避免。但由于超声波使用过程中存在对清洗对象造成损伤的可能性，所以当清洗对象很脆弱的情况下不宜采用超声波清洗。

超声波清洗器用于对电子器件、半导体硅片、电路板、电镀件、光学镜片、音频磁头、化纤喷丝头、打印机喷墨、医疗器械、手术器械、玻璃器皿、照相器械、通信器械、金银首饰、精密机械零件的清洗是最理想的设备。同时在生物化学、医学领域广泛应用。

六、超声防盗报警器

图 11-16 为超声报警电路。上图为发射部分，下图为接收部分的电原理框图。它们装在同一块线路板上。发射器发射出频率 $f = 40\ \text{kHz}$ 左右的连续超声波（空气超声波探头选用 40 kHz 工作频率可获得较高灵敏度，并可避开环境噪声干扰）。如果有人进入信号的有效区域，相对速度为 v，从人体反射回接收器的超声波将由于多普勒效应，而发生频率偏移 Δf。

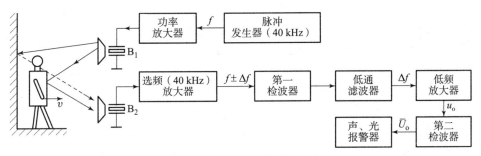

图 11-16 超声防盗报警器原理框图

多普勒效应：物体辐射的波长因为波源和观测者的相对运动而产生变化。在运动的波源前面，波被压缩，波长变得较短，频率变得较高；当运动在波源后面时，会产生相反的效应。波长变得较长，频率变得较低。波源的速度越高，所产生的效应越大。

产生原因：声源完成一次全振动，就向外发出一个波长的波，频率表示单位时间内完成的全振动的次数，因此波源的频率等于单位时间内波源发出的完全波的个数，而观察者听到的声音的音调，是由观察者接收到的频率，即单位时间接收到的完全波的个数决定的。当波源和观察者有相对运动时，观察者接收到的频率会改变，在单位时间内，观察者接收到的完全波的个数增多，即接收到的频率增大。同样的道理，当观察者远离波源时，观察者在单位时间内接收到的完全波的个数减少，即接收到的频率减小。

七、超声波测距

空气超声波探头发射超声波脉冲，到达被测物时，被反射回来，并被另一只空气超声波探头所接收。测出从发射超声波脉冲到接收超声波脉冲所需的时间 t，再乘以空气的声速（340 m/s），就是超声波脉冲在被测距离所经历的路程，除以 2 就得到距离。

超声波传感器使得驾驶员可以安全地倒车，其原理是利用超声波传感器探测倒车路径上或附近存在的任何障碍物，并及时发出警告。所设计的检测系统可以同时提供声光并茂的听觉和视觉警告，其警告表明探测到了在盲区内障碍物的距离和方向。这样，在狭窄的地方不管是泊车还是开车，借助倒车障碍报警检测系统，驾驶员心理压力就会减少，并可以游刃有余地采取必要的动作。

项目十二

光电传感器检测转速

12.1 项 目 描 述

光电传感器是把光信号（红外、可见及紫外光辐射）转变为电信号的器件。它可用于检测直接引起光量变化的非电量，如光强、光照度、辐射测温、气体成分分析等；也可用来检测能转换成光量变化的其他非电量，如零件直径、表面粗糙度、应变、位移、振动、速度、加速度，以及物体的形状、工作状态的识别等。光电传感器具有非接触、响应快、性能可靠等特点，因此在工业自动化装置和机器人中获得广泛应用。

12.1.1 学习目标

知识目标：

（1）了解常用光电传感器的特点和结构；

（2）掌握光电效应的 3 种类型和常用光电传感器的工作原理；

（3）掌握光电传感器的组成，理解光电传感器的应用电路；

（4）熟悉不同光电效应对应的光电器件及其应用场合。

能力目标：

（1）会正确选用各种光电器件；

（2）能设计、制作简单的光电传感器应用电路。

12.1.2 项目要求

在机电设备的转速测量中，对于一些检测距离较大的场合，可用光电传感器测量转速，它可以在距被测物 10 mm，有的甚至可达 10 m 外非接触地测量转速。

12.2　知 识 链 接

光电检测方法具有精度高、反应快、非接触等优点，而且可测参数多，传感器的结构简单，形式灵活多样，因此，光电传感器在检测和控制中应用非常广泛。

12.2.1　光电传感器的工作原理

光电传感器是将被测量的变化转换为光量的变化。再通过光电元件把光量的变化转换成电信号的一种测量装置，它的转换原理是基于光电效应。

所谓光电效应是指物体吸收了光能以后，转换为该物体中某些电子的能量而产生的电效应。简单地说，物质在光的照射下释放电子的现象称为光电效应。被释放的电子称为光电子。光电子在外电场中运动所形成的电流称为光电流。

能产生光电效应的光电材料主要有硫化镉（CdS）、锑化铟（InSb）、硒（Se）和半导体等。光电效应一般可分为外光电效应、内光电效应和光生伏特效应三种。

1. 外光电效应

在光线作用下，物体内的电子逸出物体表面向外发射的现象称为外光电效应，又称光电子发射效应。基于外光电效应的光电器件有光电管和光电倍增管。

2. 内光电效应

在光线作用下，物质吸收入射光子的能量，在物质内部激发载流子，但这些载流子仍留在物质内部，而使其导电性或物体内部的电荷分布发生变化的现象称为内光电效应，又称光电导效应。基于该效应的光电元件有光敏电阻、光敏二极管、光敏三极管及光敏晶闸管等。

3. 光生伏特效应

在光线作用下，能够使物体在一定方向上产生电动势的现象称为光生伏特效应。基于该效应的光电元件有光电池等。

12.2.2　光电元件

一、外光电效应器件

基于外光电效应的光电器件有光电管和光电倍增管。

（一）光电管

1. 光电管的结构

光电管有真空光电管和充气光电管两种，二者结构相似，它们由一个涂有光电材料的阴极 K 和一个阳极 A 封装在真空玻璃壳内，如图 12 - 1 所示。光电管的特性主要取决于光电管阴极材料。光电管阴极材料有：银氧铯、锑铯、铋银氧铯以及多碱光电阴极等。

2. 光电管的工作原理

将阳极 A 接电源正极，阴极 K 接电源负极。无光照时，因光电管阳极不发射光电子，电路不通，$I = 0$。当

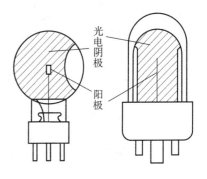

图 12 - 1　光电管的结构

入射光照射在阴极上时，光电管阴极就发射光电子，由于阳极的电位高于阴极，阳极便会收集由阴极发射来的电子，在光电管组成的回路中形成光电流 I，并在负载 R_L 上输出电压 U_o。在入射光的频谱成分和光电管电压不变的条件下，输出电压与入射光通量成正比。

（二）光电倍增管

光电管的灵敏度很低，当入射光微弱时，光电管产生的光电流很小，只有几十微安，容易造成测量误差，甚至无法检测。为提高光电管灵敏度，在光电阴极 K 与阳极 A 之间安装一些倍增极，就构成了光电倍增管。

1. 光电倍增管的结构

如图 12 - 2 所示。光电倍增管由光电阴极 K、倍增电极 $D_1 \sim D_n$，以及阳极 A 三部分组成。光电阴极由半导体光电材料锑铯做成。倍增电极是在镍或铜 - 铍衬底上涂锑铯材料而制成。通常有 12 ~ 14 级，多者达 30 级，阳极用来最后收集电子。

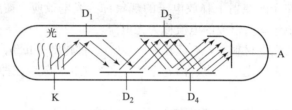

图 12 - 2　光电倍增管的结构

2. 工作原理

光电倍增管中各倍增电极上均加有电压，阴极电位最低。各倍增电极的电位依次升高。由于相邻两个倍增电极之间有电位差，因此存在加速电场对电子加速。从阴极发出的光电子，在电场加速下，打在电位比阴极高的第一倍增极上，打出 3 ~ 6 倍的二次电子；被打出来的二次电子再经加速电场加速，又打在比第一倍增电极电位高的第二倍增极上，电子数又增加 3 ~ 6 倍；如此不断连续倍增，直到最后一级倍增电极产生的二次电子被更高电位的阳极收集为止。其电子数将达到阴极发射电子数的 $10^5 \sim 10^6$（100 万）倍。可见，光电倍增管的放大倍数是很高的。因此，在很微弱的光照时，它能产生很大的光电流。

将光电倍增管置于黑暗中，管上施加正常电压，管中有微小电流流过，此电流便称为暗电流。

光电倍增管产生暗电流的原因有：光电阴极和倍增电极的热电子发射；阴极与其他各电极之间的漏电流。产生漏电流的原因有二：一是多余的铯原子沉积于各电极之间，导致绝缘电阻下降；二是管基受潮，使玻璃内硅酸盐水解形成电解液，导致绝缘电阻下降。

减小倍增管的暗电流的方法是：尽量减小光电阴极与倍增电极的热电子发射；消除管内多余的铯原子和保持管壳干燥；将管内抽成真空，清除离子反馈和光反馈；将管内电极边缘转弯、尖角修圆，减小场致发射。

二、内光电效应器件

（一）光敏电阻

光敏电阻是基于半导体光电导效应制成的光电器件，又称光导管。光敏电阻没有极性，纯粹是一个电阻器件，使用时可以加直流电压，也可以加交流电压。当无光照时，光敏电阻值（暗电阻）很大，电路中电流很小。当有光照时，光敏电阻值（亮电阻）急剧减少，电流迅速增加。图 12 - 3 所示为光敏电阻示意图。

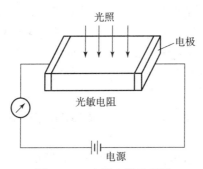

图 12 - 3　光敏电阻示意图

1. 光敏电阻的结构和工作原理

图 12 - 4 所示为光敏电阻的结构示意及表示符号。

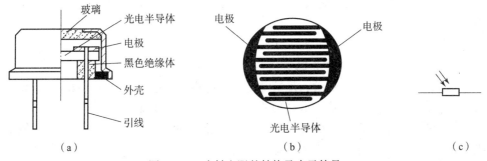

图 12 - 4　光敏电阻的结构及表示符号
（a）、（b）结构；（c）符号

　　光敏电阻的结构比较简单，如图 12 - 5（a）所示，在玻璃基板上均匀地涂上薄薄的一层半导体物质，如硫化镉（CdS）等，然后在半导体的两端装上金属电极，再将其封装在塑料壳体内。为了防止周围介质的污染，在半导体光敏层上覆盖一层漆膜，漆膜成分的选择应使它在光敏层最敏感的波长范围内透射率最大。如果把光敏电阻连接在外电路中，在外加电压作用下，光照能改变电路中电流的大小，如图 12 - 5（b）所示。

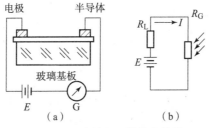

图 12 - 5　光敏电阻结构与接线
（a）结构；（b）接线图

　　当无光照时，光敏电阻的电阻值很大，大多数光敏电阻的阻值在 100 MΩ 以上，电路的暗电流很小；当受到一定波长范围内的光照射时，其电阻值急剧地减小，光照越强，阻值越小，电路电流随之迅速增加。根据电流表测出的电流变化值，便可得知照射光的强弱。当光照停止时，光电效应消失，电阻恢复原值。

光敏电阻的灵敏度易受潮湿的影响，因此要将光电导体严密封装在带有玻璃的壳体中。光敏电阻具有很高的灵敏度，很好的光谱特性，光谱响应可以从紫外区一直到红外区。而且体积小，重量轻，使用寿命长，稳定性能高，价格便宜，制造工艺简单，因此广泛应用于照相机、防盗报警、火灾报警以及自动化技术中。

2. 光敏电阻的主要参数

（1）暗电阻与暗电流。在室温条件下，光敏电阻在未受到光照射时的阻值称为暗电阻，此时流过的电流称为暗电流。

（2）亮电阻与亮电流。光敏电阻在受到某一束光照射时的阻值称为亮电阻，此时流过的电流称为亮电流。

（3）光电流。亮电流与暗电流之差称为光电流。光敏电阻的暗电阻越大，亮电阻越小，则性能越好。也就是说，暗电流要小，亮电流要大，这样光敏电阻的灵敏度就高。光敏电阻的暗电阻的阻值一般为兆欧数量级，亮电阻在几千欧以下。暗电阻与亮电阻之比一般在 $10^2 \sim 10^6$。

（二）光敏二极管

1. 光敏二极管的结构与工作原理

光敏二极管又称为光电二极管，是最常见的光传感器。它的结构与一般二极管相似，装在透明玻璃外壳中，如图 12 - 6 所示。光敏二极管与普通二极管不同之处在于它的 P-N 结装在透明管壳的顶部，可以直接受到光照，为增加受光面积，P-N 结的面积做得较大。光敏二极管在电路中一般处于反向工作状态，并与负载电阻相串联，它的符号及其在电路中的接法如图 12 - 6（c）、（d）所示。

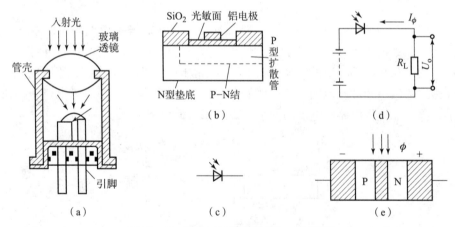

图 12 - 6　光敏二极管的结构与工作原理

（a）外形结构；（b）内部结构；（c）符号；（d）工作电路；（e）工作原理

当无光照时，它与普通二极管一样，反向电流很小，称为光敏二极管的暗电流；当有光照时，载流子被激发，产生电子 - 空穴对，称为光电载流子。在外电场的作用下，光电载流子参与导电，形成比暗电流大得多的反向电流，该反向电流称为光电流。光电流的大小与光照强度成正比，于是在负载电阻上就能得到随光照强度变化而变化的电信号。

当有光照时，P-N 结附近受光电子的轰击，半导体内被束缚的价电子吸收光子能量，产生电子－空穴对，使少数载流子的浓度大大增加，并在 P－N 结形成的电场作用下做定向运动而形成光电流。光照度越大，光电流就越大。故光敏二极管不受光照时处于截止状态，受光照时处于导通状态。光电流通过负载电阻 R_L 时，在电阻两端将得到随入射光变化的电压信号。光敏二极管就是这样来完成光电转换的。

2. 光敏二极管的主要技术参数

（1）最高反向工作电压。指光敏二极管在无光照条件下，反向漏电流不大于 0.1 μA 时所能承受的最高反向电压。

（2）暗电流。指光敏二极管在无光照、最高反向电压条件下的漏电流。暗电流越小，光敏二极管的性能越稳定，检测弱光的能力越强。一般锗二极管的暗电流较大，约为几个 μA，硅光敏二极管的暗电流则小于 0.1 μA。

（3）光电流。指光敏二极管受一定光照、在最高反向电压下产生的电流，其值越大越好。

（4）灵敏度。反映光敏二极管对光的敏感程度的一个参数，由在每微瓦的入射光能量下所产生的光电流来表示。其值越高，说明光敏二极管对光的反映越灵敏。

（5）响应时间。表示光敏二极管将光信号转换成电信号所需的时间。响应时间越短，说明其光电转换速度越快，即工作频率越高。

除此之外，还有结电容、正向压降、光谱范围和峰值波长等参数。

（三）光敏三极管

光敏三极管有 PNP 型和 NPN 型两种。它在结构上与普通三极管类似，通常只有两个电极（也有 3 个的），如图 12－7 所示。为适应光电转换的要求，它的基区面积做得较小，并在基区边缘，以避免发射极引线遮住基区影响灵敏度。其大概尺寸为：基区面积为 1 mm × 0.5 mm，发射区为 φ0.08 mm 的圆形。管子的芯片被装在带有玻璃透镜的金属管壳内，当光照射时，光线通过透镜集中照射在芯片的集电结上。入射光主要被基区吸收。

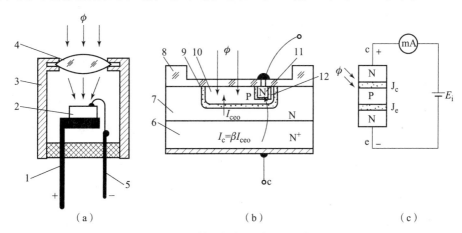

图 12－7　光敏三极管的结构和工作原理

（a）内部组成；（b）管芯结构；（c）结构简化图

1—集电极引脚；2—管芯；3—外壳；4—玻璃聚光镜；5—发射极引脚；6—N⁺衬底；7—N 型集电区；

8—SiO₂ 保护圈；9—集电结；10—P 型基区；11—N 型发射区；12—发射结

将光敏三极管接在如图 12－7 所示的电路中，在正常情况下，集电结为受光结（相当于一个光敏二极管）。集电极相当于基区一个发射极，为正电压；而基极开路，则集电结处于反向位置。无光照射时，由热激发产生少数载流子（电子－空穴对），电子从基极进入集电极，空穴从集电极移向基极，在外电路中有暗电流（正常情况下光敏三极管集电极与发射极之间的穿透电流）I_{ceo} 流过，其大小为：

$$I_{ceo} \approx (1 + \overline{\beta}) I_{cbo} \qquad (12-1)$$

式中，$\overline{\beta}$ 为共射极直流放大系数；I_{cbo} 为集电极与基极间的反向饱和电流。

当光照射在光敏面（集电结）上时，光照激发产生的光生电子－空穴对增加了少数载流子的浓度，由于集电结处于反向偏置，使内电场增强。在内电场的作用下，光生电子漂移到集电区，在基区留下空穴，使基极电位升高，促使发射区有大量电子经基区被集电区收集而形成放大的集电极光电流，即：

$$I_c = \overline{\beta} I_S \qquad (12-2)$$

式中，I_S 为 bc 结的光生电流；$\overline{\beta}$ 为光敏三极管的直流放大系数。

可以看出，光敏三极管利用类似普通半导体三极管的放大作用放大了 $(1 + \overline{\beta})$ 倍。所以，光敏三极管比光敏二极管具有更高的灵敏度。

光敏三极管都是由硅或锗制作的。由于硅器件暗电流较小，温度系数较低，又便于平面工艺批量生产，尺寸易于控制，因此使用较多的是硅光敏三极管。

光敏三极管除了具有光敏二极管能将光信号转换成电信号的功能外，还有对电信号放大的功能。光敏三极管的外形与一般三极管相差不大，一般光敏三极管只引出两个极——发射极和集电极，基极不引出，管壳同样开窗口，以便光线射入。为增大光照，基区面积做得很大，发射区较小，入射光主要被基区吸收。工作时集电结反偏，发射结正偏。在无光照时管子流过的电流为暗电流 $I_{ceo} = (1 + \beta) I_{cbo}$（很小），比一般三极管的穿透电流还小；当有光照时，激发大量的电子－空穴对，使得基极产生的电流 I_b 增大，此刻流过管子的电流称为光电流，集电极电流 $I_c = (1 + \beta) I_b$，可见光敏三极管要比光敏二极管具有更高的灵敏度。

光敏三极管和光敏二极管一样，应用非常广泛，它们在光电编码器、光电控制、自动化生产、复印机、记录器、条形码读出器、机床安全设施等许多装置上起到"眼睛"的作用，已成为机电一体化不可缺少的元件。

（四）光敏晶闸管

光敏晶闸管（LCR）又称为光控晶闸管（或光控可控硅），由光辐射触发而导通，其结构如图 12-8 所示。它有 3 个引出电极，分别为阳极 A、阴极 K、控制极 G；它有 3 个 P-N 结，即 J_1、J_2、J_3。与普通晶闸管不同之处在于，光敏晶闸管的顶部有一个玻璃透镜，它能把光线集中照射到 J_2 结上。当阳极 A 接电源正极、阴极 K 接电源负极时，J_1 结与 J_3 结处于正向偏置，J_2 结处于反向偏置，控制极通过电阻 R_G 与阴极相连，如图 12-8（d）所示，这时，晶闸管处于正向阻断状态。当一定照度的光信号通过玻璃窗口照射到 J_2 结上时，受光能激发，在 J_2 附近产生大量电子－空穴对，它们在外电场作用下穿过 J_2 阻挡层，产生控制极电流，从而使光敏晶闸管从阻断状态变为导通状态。电阻 R_G 为光敏晶闸管灵敏度调节电阻，调节 R_G 的大小可使晶闸管在设定的照度下导通。

光敏晶闸管的伏安特性和技术特性与一般晶闸管类似，不同的是它用光照进行控制。

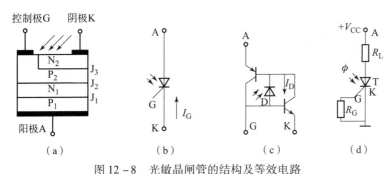

图 12 - 8　光敏晶闸管的结构及等效电路

（a）原理结构；（b）符号；（c）等效电路；（d）应用电路

三、光生伏特效应的光电器件

光电池是在光照下，直接能将光量转变为电动势的光电元件，实际上它就是电压源。光电池的种类很多，有硒光电池、锗光电池、硅光电池、氧化亚铜光电池、硫化铊光电池、硫化镉光电池、砷化镓光电池等。其中最受重视的是硅光电池和硒光电池。下面着重以这两种光电池为例加以介绍。

图 12 - 9（a）为硅光电池的结构、外形及电路符号。在一块 N 型硅片上，用扩散方法掺入一些 P 型杂质（如硼）形成 P - N 结，当入射光子的能量 $h\gamma$ 足够大时，P 区每吸收一个光子就产生一对光生电子 - 空穴对，光生电子 - 空穴对的浓度由表面向内部迅速下降，形成由表及里扩散的自然趋势。在 P - N 结内电场作用下，使扩散到 P - N 结附近的电子 - 空穴对分离，电子被拉到 N 型区，空穴则留在 P 型区，使 N 区带负电，P 区带正电。如果光照是连续的，经短暂时间后，新的平衡建立，P - N 结两侧就有一个稳定的光电流或光生电动势输出。

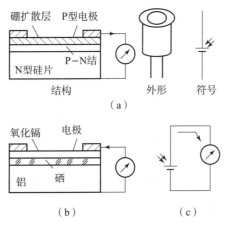

图 12 - 9　光电池结构示意图

（a）硅光电池；（b）硒光电池；（c）等效电路

硒光电池是在铝基底上涂硒，再用溅射工艺在硒层上形成一层半透明的氧化镉。在正反两面喷上低熔合金作为电极，如图 12 - 9（b）所示。在光照下，镉材料带负电，铝材料带正电，形成光电流或光电势。

12.2.3　光电传感器的组成、结构及类型

光电传感器是通过把光强度的变化转换成电信号的变化来实现控制功能。光电传感器在

一般情况下由 3 部分构成，即发送器、接收器和检测电路。

发送器对准目标发射光束，发射的光束一般来源于半导体光源，如发光二极管（LED）、激光二极管及红外发射二极管。光束不间断地发射，或者改变脉冲宽度。接收器由光电二极管、光电三极管、光电池组成。在接收器的前面，装有光学元件如透镜和光圈等。在其后面是检测电路，它能滤出有效信号并应用该信号。此外，光电开关的结构元件中还有发射板和光导纤维。

三角反射板是结构牢固的发射装置。它由很小的三角锥体反射材料组成，能够使光束准确地从反射板中返回，具有实用意义。它可以在与光轴成 0°～25° 的范围改变发射角，使光束几乎是从一根发射线发射，经过反射后，还是从这根反射线返回。

1. 槽形光电传感器

把一个发光器和一个收光器面对面地装在一个槽的两侧组成槽形光电传感器。发光器能发出红外光或可见光，在无阻挡情况下收光器能收到光。但当被检测物体从槽中通过时，光被遮挡，光电开关便动作，输出一个开关控制信号，切断或接通负载电流，从而完成一次控制动作。槽形开关的检测距离因为受整体结构的限制一般只有几厘米。

2. 对射式光电传感器

若把发光器和收光器分离开，就可使检测距离加大，一个发光器和一个收光器组成对射分离式光电开关，简称对射式光电开关。对射式光电开关的检测距离可达几米乃至几十米。使用对射式光电开关时把发光器和收光器分别装在检测物通过路径的两侧，检测物通过时阻挡光路，收光器就动作输出一个开关控制信号。

3. 反光板式光电开关

把发光器和收光器装入同一个装置内，在前方装一块反光板，利用反射原理完成光电控制作用，称为反光板反射式（或反射镜反射式）光电开关。正常情况下，发光器发出的光源被反光板反射回来再被收光器收到；一旦被检测物挡住光路，收光器收不到光时，光电开关就动作，输出一个开关控制信号。

4. 扩散反射式光电开关

扩散反射式光电开关的检测头里也装有一个发光器和一个收光器，但扩散反射式光电开关前方没有反光板。正常情况下发光器发出的光收光器是找不到的。在检测时，当检测物通过时挡住了光，并把光部分反射回来，收光器就收到光信号，输出一个开关信号。

光源是光电传感器的一个重要组成部分，大多数光电传感器都离不开光源。光电传感器对光源的选择要考虑很多的因素，例如波长、频谱分布、相干性、体积、造价和功率等。

12.3　项目实施

12.3.1　任务分析

光电式转速传感器分为反射式和透射式两种，如图 12-10 所示。

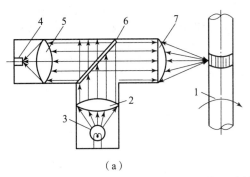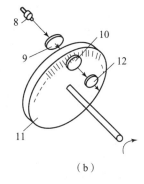

（a）　　　　　　　　　　　　　　　　（b）

图 12 – 10　光电式转速传感器

（a）反射式；（b）透射式

1—被测转轴；2，9—透镜；3，8—光源；4，12—光电元件；5，7—聚焦透镜；

6—半透膜片；10—指示盘；11—旋转盘

反射式光电转速传感器的工作原理如图 12 – 10（a）所示。用金属箔或反射纸在被测转轴 1 上，贴出一圈黑白相间的反射面，光源 3 发射的光线经透镜 2、半透膜片 6 和聚焦透镜 7 投射在转轴反射面上，反射光经聚焦透镜 5 会聚后，照射在光电元件 4 上产生光电流。该轴旋转时，黑白相间的反射面造成反射光强弱变化，形成频率与转速及黑白间隔数有关的光脉冲，使光电元件产生相应电脉冲。当黑白间隔数 m 一定时，电脉冲的频率 f 便与转速 n 成正比。

透射式光电转速传感器的工作原理如图 12 – 10（b）所示。固定在被测转轴上的旋转盘 11 的圆周上开有 m 道径向透光的缝隙，不动的指示盘 10 具有和旋转盘相同间距的缝隙，两盘缝隙重合时，光源 8 发出的光线经透镜 9 照射在光电元件 12 上，形成光电流。当旋转盘随被测轴转动时，每转过一条缝隙，光电元件接收的光线就发生一次明暗变化，因而输出一个电脉冲信号。由此产生的电脉冲的频率 f 在缝隙数目 m 确定后与轴的转速 n 成正比。采用这种结构可以大大增加旋转盘上的缝隙数目，使被测转轴每转一圈产生的电脉冲数增加，从而提高转速测量精度。

12.3.2　实施步骤

（1）光电传感器已安装在转动源上，如图 12 – 11 所示。将 2 ~ 24 V 电压输出端接到三源板的"转动电源"输入处，并将 2 ~ 24 V 输出调节到最小，+5 V 电源接到三源板"光电"输出的电源端，光电输出端接到频率/转速表的"fin"。

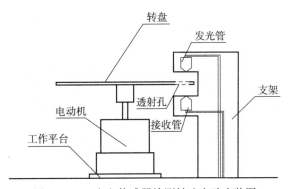

图 12 – 11　光电传感器检测转速实验安装图

151

（2）合上主控制台电源开关，逐渐增大 2~24 V 输出电压，使转动源转速加快，观测频率/转速表的显示，同时可通过通信接口的 CH1 用上位机软件观察光电传感器的输出波形。

12.4 知识拓展

12.4.1 光敏集成器件

一、达林顿光电管

光敏三极管的光电灵敏度比光敏二极管大得多，为进一步提高光敏器件的灵敏度而设计了达林顿光电管，即一只光敏三极管和一只普通三极管共用集电极组合成达林顿组态。由于增加了一级电流放大器，光电流又放大了 β 倍，输出电流能力大大增强。同时，无光照的暗电流也加大，使得响应速度减慢。

二、光电耦合器件

光电耦合器件是将发光元件与受光元件装在同一个密封体内的组合器件，使发光元件和受光元件及信号处理电路集成在一块芯片上。工作时，将电信号加到输入端，使发光元件发光，照射到受光元件使之输出光电流，从而实现电 – 光 – 电两次转换，通过光实现了输入端和输出端之间的耦合。

由于光电耦合器件是以光为传输信号的媒介，因此，它独具下列特点：

（1）光电耦合器件实现了以光为媒介的传输，因而保证了输入端和输出端之间的绝缘电阻都很高，一般大于 10^{10} Ω，耐压也很高，具有优良的隔离性。

（2）具有信号单向传输不可逆性。信号只能从发光源单向传输到受光元件而不会可逆传输，传输信号不会影响输入端。

（3）发光源使用砷化镓发光二极管，它具有低阻抗的特点，可以抑制干扰，消除噪声。

（4）响应速度快，可用于高频电路。

（5）结构简单，无触点，体积小，寿命长。

基于上述特点，光电耦合器件广泛用于电路隔离、电平转换、噪声抑制、无触点开关及固态继电器上。

12.4.2 热释电红外传感器

一、光的特性

光是人类眼睛可以看见的一种电磁波，也称可见光谱。在科学上的定义，光是指所有的电磁波谱，如图 12 – 12 所示。光是由光子为基本粒子组成的，具有粒子性与波动性，称为波粒二象性。光可以在真空、空气、水等透明的物质中传播。对于可见光的范围没有一个明确的界限，一般人的眼睛所能接受的光的波长在 380~760 nm 范围内。人们看到的光来自于太阳或借助于产生光的设备，包括白炽灯泡、荧光灯管、激光器、萤火虫等。光是人类生存不可或缺的物质。

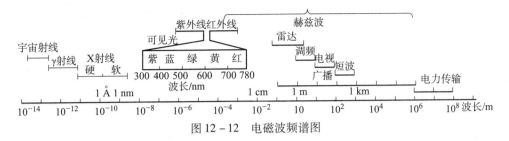

图 12 - 12 电磁波频谱图

二、热释电红外传感器的工作原理

热物体都会向空间发出一定的光辐射，基于这种原理的光源称为热辐射光源。物体温度越高，辐射能量越大，辐射光谱的峰值波长也就越短。白炽灯就是一种典型的热辐射光源。白炽光源中最常用的是钨丝灯，它产生的光，谱线较丰富，包含可见光和红外光。使用时，常加滤色片来获得不同窄带频率的光。

热释电人体红外传感器为 20 世纪 90 年代出现的新型传感器，专用于检测人体辐射的红外能。用它可以做成主动式（检测静止或移动极慢的人体）和被动式（检测运动人体）的人体传感器，与各种电路配合，广泛应用于安全防范领域及控制自动门、灯、水龙头等场合。

热释电红外传感器有多种型号，但结构、外形和电参数大致相同，一般可互换。其典型外形如图 12 - 13 所示。图 12 - 13 中的顶视图中，矩形为滤光窗，两个虚线框为矩形敏感单元。

图 12 - 13 热释电红外传感器外形图
1—漏极；2—源极；3—地

热释电红外传感器是一种能检测人或动物发射的红外线而输出电信号的传感器。早在 1938 年，有人提出过利用热释电效应探测红外辐射，但并未受到重视，直到 20 世纪 60 年代才又兴起了对热释电效应的研究和对热释电晶体的应用。热释电晶体已广泛用于红外光谱仪、红外遥感以及热辐射探测器。除了在楼道自动开关、防盗报警上得到应用外，在更多的领域得到了应用。比如：在房间无人时会自动停机的空调机、饮水机；电视机能判断无人观看或观众已经睡觉后自动关机的电路；监视器或自动门铃上的应用；摄影机或数码照相机自动记录动物或人的活动；等等。

三、热释电红外传感器的结构组成

热释电红外传感器的内部结构及原理如图 12 - 14 所示。该传感器由敏感元件、场效应管、阻抗变换器和滤光窗等构成，并在氮气环境下封装。

敏感单元一般采用热释电材料锆钛酸铅（PZT）制成，这种材料在外加电场撤除后，仍然保持极化状态，也即存在自发极化，且自发极化强度 P_S 随温度升高而下降。

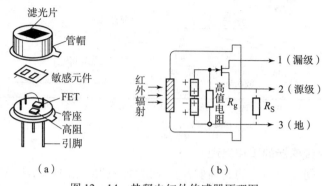

图 12-14 热释电红外传感器原理图

（a）结构图；（b）电路图

制作敏感单元时，先把热释电材料制成很小的薄片，再在薄片两面镀上电极，构成两个串联的有极性的小电容，因此由温度的变化而输出的热释电信号也是有极性的。由于把两个极性相反的热释电敏感单元做在同一晶片上，当环境的影响使整个晶片产生温度变化时，两个传感单元产生的热释电信号相互抵消，起到补偿作用；当热释电红外传感器在使用时，前面要安装透镜，使外来的红外线辐射只会聚在一个传感单元上，这时产生的信号不会抵消。

热释电晶片表面必须罩上一块由一组平行的棱柱形透镜所组成的菲涅尔透镜，如图 12-15 所示，每一透镜单元都只有一个不大的视场角，当人体在透镜的监视视野范围中运动时，顺次地进入第一、第二单元透镜的视场，晶片上的两个反向串联的热释电单元将输出一串交变脉冲信号。当然，如果人体静止不动地站在热释电元件前面，它是"视而不见"的。

通常，敏感单元材料阻抗非常高，因此要用场效应管进行阻抗变换后才能实际使用。电路中高值电阻 R_g 的作用是释放栅极电荷，使场效应管正常工作；采用源极输出时，要外接源极电阻 R_S，源极电压为 $0.4 \sim 1.0$ V。

制成敏感单元的 PZT 是一种广谱材料，能探测各种波长辐射。为了使传感器对人体最敏感，而对太阳、电灯光等有抗干扰性，传感器

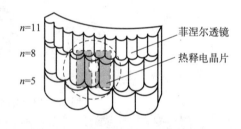

图 12-15 菲涅尔透镜结构

采用了滤光片作窗口。滤光片使人体辐射的红外线最强的波长正好落在滤光窗响应波长的中心处，所以滤光窗能有效地让人体所辐射的红外线通过，而阻止太阳光、灯光等可见光中的红外线通过，以免引起干扰。

为提高传感器的灵敏度，可在传感器前 $1 \sim 5$ cm 处放置菲涅尔透镜，使探测距离从一般的 2 m 提高到 $10 \sim 20$ m。在实验室试验时，可不加菲涅尔透镜。

热释电人体红外传感器的特点是，它只在由于外界的辐射而引起本身温度变化时，才给出一个相应的电信号，当温度的变化趋于稳定后，就不再有信号输出。所以，热释电信号与它本身的温度变化率成正比，即热释电人体红外传感器只对运动的人体敏感。

智能空调能检测出屋内是否有人，微处理器据此自动调节空调的出风量，以达到节能的目的。空调中，热释电人体红外传感器的菲涅尔透镜做成球形状，从而能感受到屋内一定空

间角范围里是否有人，以及人是静止着还是走动着。

在实际应用中，传感器往往需要预热，这是由传感器本身决定的。一般被动红外探测器需要一分钟左右的预热时间。

12.5　应 用 拓 展

12.5.1　光电传感器的应用

光电传感器由光源、光学元器件和光电元器件组成光路系统，结合相应的测量转换电路而构成。常用的光源有各种白炽灯和发光二极管，常用光学元件有各种反射镜、透镜和半反半透镜等。

光电传感器按其输出量不同分为模拟式和脉冲式两大类。模拟式光电传感器是基于光电元器件的光电流随光通量的变化而发生变化，而光通量又随被测非电量的变化而变化的原理，这样光电流就成为被测非电量的函数。影响光电元器件接收量的因素可能是光源本身的变化，也可能是由光学通路所造成的，模拟式光电传感器通常有如图 12－16 所示的几种工作原理形式。

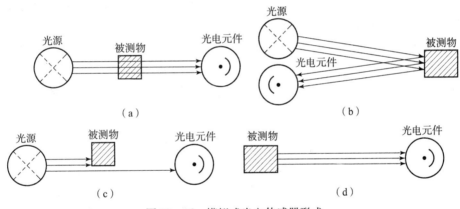

图 12－16　模拟式光电传感器形式
(a) 吸收式；(b) 反射式；(c) 遮光式；(d) 辐射式

如图 12－16 (a) 所示为吸收式模拟光电传感器工作原理示意：恒光源发射的光到达光电元件的路径上，受到被测物的遮蔽，因此照射到光电元件上的光通量发生了变化，根据被测对象阻挡光通量的多少可测算被测对象的几何尺寸（如长度、厚度等）或运动状态（如线位移、角位移）。

如图 12－16 (b) 所示为反射式模拟光电传感器工作原理示意：恒光源发出的光通量先到达被测物，再用光电元件接收从被测物表面反射出来的光。由于反射光通量的多少决定于被测对象的表面性质和状态，因此它可以测量机械加工零件的表面光洁度、表面粗糙度等。

如图 12－16 (c) 所示为遮光式模拟光电传感器工作原理示意：恒光源穿过被测物，部分被吸收，而后到达光电元件上。因此可根据被测对象对辐射的吸收量或对频谱的选择性来测量液体、气体的透明度或浑浊度，或者对气体进行成分分析，或对液体中某种物质含量进行测定等。

如图 12 - 16（d）所示为辐射式模拟光电传感器工作原理示意：由被测物发出的光通量直接照射到光电元件上，通过测量光能量的强度可知被测物的温度。如光电比色高温计。

一、反射式光电开关

反射式光电开关分为两种：反射镜反射式及被测物漫反射式（简称散射式）。

反射镜反射式光电开关采用较为方便的单侧安装方式，但需要调整反射镜的角度以取得最佳的反射效果。反射镜通常使用三角棱镜，它对安装角度的变化不太敏感，有的还采用偏光镜，它能将光源发出的光转变成偏振光（波动方向严格一致的光）反射回去，提高抗干扰能力。

反射镜反射式光电开关集光发射器和光接收器于一体，与反射镜相对安装配合使用。反射镜使用偏光三角棱镜，能将发射器发出的光转变成偏振光反射回去，光接收器表面覆盖一层偏光透镜，只能接收反射镜反射回来的偏振光。

光电开关的 LED 多采用中频（40 kHz 左右）窄脉冲电流驱动，从而发射 40 kHz 调制光脉冲。相应地，接收光电元件的输出信号经 40 kHz 选频交流放大器及专用的解调芯片处理，可以有效地防止太阳光、日光灯光的干扰，又可减小发射 LED 的功耗。

常规反射式光电开关的动作距离是不变的（与型号有关），当检测流水线上的漫反射物体时，必须调节安装距离，十分不方便。自学习型光电开关上设置了一只阈值开关，当流水线上的被检测物体到达光电开关面前时，按下阈值开关数秒，待"学习"指示灯闪亮停止后，内部的微处理器就记住了两者之间的距离，就能在一定的允许范围内，可靠地对之后来到的被检测物体作出反应。当流水线上的被检测品种改变时，只需再次"学习"，而不必调节机械安装螺丝。

对于散射式光电开关发出的光线需要被检测物表面将足够的光线反射回接收器，所以检测距离和被检测物体的表面反射率及粗糙程度将决定接收器接收到的光线强度，被检测物体的表面还应尽量垂直于光电开关的发射光线。

二、光电断续器

光电断续器可分为遮断型和反射型两种。遮断型光电断续器也称为槽式光电开关，通常是标准的 U 字形结构，如图 12 - 17（a）所示。其发射器和接收器做在体积很小的同一塑料壳体中，分别位于 U 形

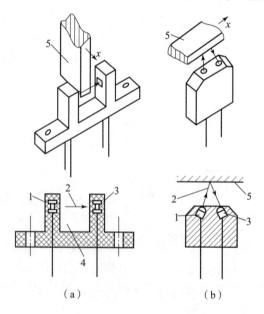

图 12 - 17　光电断续器的结构

（a）遮断型；（b）反射型

1—发光二极管；2—红外光；3—光电元器件；

4—槽；5—被测物

槽的两边，并形成一光轴，两者能可靠地对准，为安装和使用提供了方便。当被检测物体经过 U 形槽且阻断光轴时，光电开关就产生表示检测到的开关量信号。槽式光电开关比较可

靠，较适合高速检测。

光电断续器是较便宜、简单、可靠的光电器件。它广泛应用于自动控制系统、生产流水线、机电一体化设备、办公设备和家用电器中。例如，在复印和打印机中，光电断续器被用作检测纸的有无；在流水线上检测细小物体的通过及透明物体的暗色标记；检测印刷电路板元件是否漏装以及是否有检测物体靠近等。图 12 - 18 所示为其应用实例。

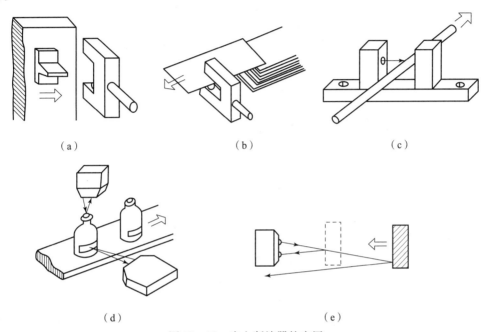

图 12 - 18 光电断续器的应用

（a）用于防盗门的位置检测；（b）印刷机械上的进纸检测；（c）线料断续的检测；
（d）瓶盖及标签的检测；（e）用于物体接近与否的检测

光电断续器的发光二极管可以直接用直流电驱动，亦可用 40 kHz 尖脉冲电流驱动；红外 LED 的正向压降为 1.1 ~ 1.3 V，驱动电流控制在 20 mA 以内。

三、烟尘浊度监测仪

防止工业烟尘污染是环保的重要任务之一。为了消除工业烟尘污染，首先要知道烟尘排放量，因此必须对烟尘源进行监测、自动显示和超标报警。烟道里的烟尘浊度是利用光在烟道传输过程中的变化大小来检测的，如图 12 - 19 所示。如果烟道浊度增加，光源发出的光被烟尘颗粒的吸收和折射就会增加，到达光检测器的光会减少，因而光检测器输出信号的强弱便可反映烟道浊度的变化。

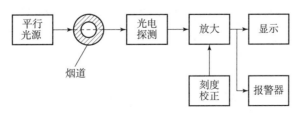

图 12 - 19 吸收式烟尘浊度检测系统原理图

四、条形码扫描笔

扫描笔的结构如图12－20所示，前方为光电读入头，当扫描笔头在条形码上移动时，若遇到黑色线条，发光二极管发出的光线将被黑线吸收，光敏三极管接收不到反射光，呈现高阻抗，处于截止状态；当遇到白色间隔时，发光二极管所发出的光线，被反射到光敏三极管，光敏三极管便产生光电流而导通。整个条形码被扫描笔扫过之后，光敏三极管将条形码变成了一个个电脉冲信号，该信号经放大、整形后便形成了脉冲列，再经计算机处理后，完成对条形码信息的识读。

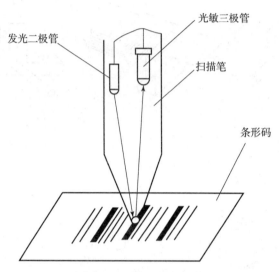

发光二极管
光敏三极管
扫描笔
条形码

图12－20　条形码扫描笔

五、产品计数器

产品在传送带上运行时，不断地遮挡光源到光电传感器的光路，使光电脉冲电路产生一个个电脉冲信号。产品每遮光一次，光电传感器电路便产生一个脉冲信号，因此，输出的脉冲数即代表产品的数目，该脉冲经计数电路计数并由显示电路显示出来。

六、光电式烟雾报警器

无烟雾时，光敏元件接收到LED发射的恒定红外光。而在火灾发生时，烟雾进入检测室，遮挡了部分红外光，使光敏三极管的输出信号减弱，经阈值判断电路后，发出报警信号，如图12－21所示。

无线火灾烟雾传感器可以固定在墙体或者天花板上。它内部使用一节9 V层叠电池供电，工作在警戒状态时，工作电流仅为15 μA，报警发射时工作电流为20 mA。当探测到初期明火或者烟雾达到一定浓度时，传感器的报警蜂鸣器立即发出90 dB的连续报警，工作指示灯快速连续闪烁，无线发射器发出无线报警信号，通知远方的接收主机，将报警信息传递出去。无线发射器的报警距离在空旷地可以达到200 m，在有阻挡的普通家庭环境中可以达到20 m。

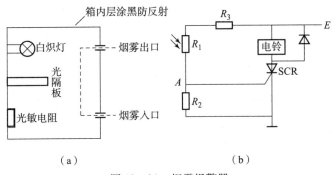

图 12 - 21　烟雾报警器

(a) 结构；(b) 电路

七、光电式带材跑偏检测装置

不论是钢带薄板，还是塑料薄膜、纸张、胶片等，在加工过程中极易偏离正确位置而产生所谓跑偏现象。带材过程中的跑偏不仅影响其尺寸精度，还会造成卷边、毛刺等质量问题。带材跑偏检测装置就是用来检测带材在加工过程中偏离正确位置的大小及方向，从而为纠偏控制机构电路提供一个纠偏信号，其工作原理和测量电路如图 12 - 22 所示。

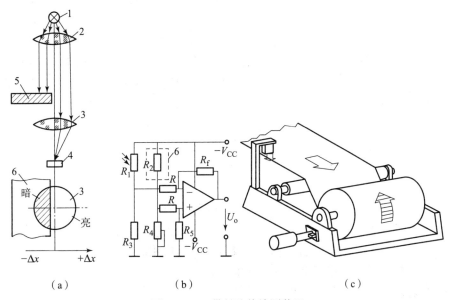

(a)　　　　　　　(b)　　　　　　　(c)

图 12 - 22　带材跑偏检测装置

(a) 原理示意图；(b) 测量电路；(c) 外形结构图

1—光源；2，3—透镜；4—光敏电阻 R_1；5—被测带材；6—遮光罩

光源 1 发出的光经透镜 2 会聚成平行光束后，再经透镜 3 会聚入射到光敏电阻 4(R_1) 上。透镜 2、3 分别安置在带材合适位置的上、下方，在平行光束到达透镜 2 的途中，将有部分光线受到被测带材的遮挡，而使光敏电阻受照的光通量减小。R_1、R_2 是同型号的光敏电阻，R_1 作为测量元件安置在带料下方，R_2 作为量度补偿元件用遮光罩覆盖。$R_1 \sim R_4$ 组成一个电桥电路，当带材处于正确位置（中间位置）时，通过预调电桥平衡，使放大器输出电压 U_o 为零。如果带材在移动过程中左偏时，遮光面积减小，光敏电阻的光照增加，阻值

变小，电桥失衡，放大器输出负压 U_o；若带材右偏，则遮光面积增大，光敏电阻的光照减弱，阻值变大，电桥失衡，放大器输出正压 U_o。输出电压 U_o 的正负及大小，反映了带材走偏的方向及大小。输出电压 U_o 一方面由显示器显示出来，另一方面被送到纠偏控制系统。作为驱动执行机构产生纠偏动作的控制信号。

12.5.2 光电池的应用

光电池主要有以下两大类型的应用。

将光电池作光伏器件使用，利用光伏作用直接将太阳能转换成电能，即太阳能电池。它要求光电转换效率高、成本低，这是全世界范围内人们所追求、探索新能源的一个重要研究课题。

调节控制器将太阳能电池、蓄电池和负载连接起来，实现充、放电的自动控制。当太阳能电池对蓄电池的充电达到上限电压时，能自动切断充电电路，停止对蓄电池充电；当蓄电池电压低于下限值时，能自动切断输出电路而进行充电。因此，调节控制器不仅能使蓄电池供电电压保持在一定的范围，而且能防止蓄电池由于充电电压过高或放电电压过低而遭受损伤。

太阳能电池已在宇宙开发、航空、通信设施、太阳能电池地面发电站、日常生活和交通运输中得到广泛应用。目前太阳能电池发电成本尚不能与常规能源竞争，但是随着太阳能电池技术不断发展，成本会逐渐下降，太阳能电池定将获得更广泛的应用。

将光电池作光电转换器件应用，需要光电池具有灵敏度高、响应时间短等特性，但不必需要像太阳能电池那样的光电转换效率。这一类光电池需要特殊的制造工艺，主要用于光电检测和自动控制系统中。

12.6 思考与练习

12.1 光电效应有哪几种？与之对应的光电元器件有哪些？

12.2 什么是光敏电阻？什么是光敏晶体管的光谱特性？

12.3 光敏电阻、光敏二极管和光敏三极管在实际应用时各有什么特点？

12.4 光电耦合器分为哪两类？各有什么用途？

12.5 热释电红外传感器的工作原理是什么？

汽车节气门位置传感器测量开度

13.1 项 目 描 述

现代汽车电子控制中，传感器广泛应用在发动机、底盘和车身的各个系统中。汽车传感器在这些系统中担负着信息的采集和传输的功能，它采集的信息由 ECU 进行处理后，形成指令发送到执行机构，进行电子控制。各个系统的控制过程正是依靠传感器及时识别外界的变化和系统本身的变化，再根据变化的信息去控制系统本身的工作的。因此汽车传感器在汽车电子控制和自诊断系统中是非常重要的装置。

13.1.1 学习目标

知识目标：

（1）掌握发动机控制传感器、底盘和主轴上的传感器、车身用传感器的组成、结构；

（2）掌握节气门位置传感器和热敏曲轴位置传感器的工作原理；

（3）了解碰撞传感器、雨水传感器、电动座椅用传感器的工作原理；

（4）掌握电磁式转速传感器和霍尔式转速传感器的工作原理；

（5）掌握压电式爆震传感器的工作原理；

（6）掌握传感器常用接口电路的工作原理。

能力目标：

（1）能够用万用表检测节气门位置传感器的性能好坏；

（2）能够用示波器检测节气门位置传感器的常见故障；

（3）能够正确安装节气门位置传感器；

（4）通过检测节气门的开度，送给发动机的电脑，来控制喷油脉冲宽度、点火正时、怠速转速、尾气排放等信号。

13.1.2 项目要求

节气门位置传感器的作用是检测节气门的开度和开关的速率，并把该信号转变为电压信号送给发动机的控制电脑，作为控制喷油脉冲宽度、点火正时、怠速转速、尾气排放的主要修正信号，同时也是空气流量传感器或进气歧管压力传感器的辅助信号。

一个坏的节气门位置传感器会引起加速滞后和怠速问题，以及驾驶性能问题和排放试验失败等。因此，节气门位置传感器的性能检测、故障判断及排除是非常重要的。节气门控制单元的组成及导线连接图如图 13-1 所示。

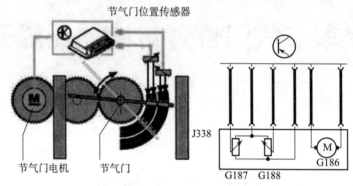

图 13-1　节气门控制单元的组成及导线连接

13.2　知识链接

20 世纪 60 年代，汽车上仅有机油压力传感器、油量传感器和水温传感器，它们与仪表或指示灯连接。进入 70 年代后，为了治理排放，又增加了一些传感器来帮助控制汽车的动力系统，因为同期出现的催化转换器、电子点火和燃油喷射装置需要这些传感器来维持一定的空燃比以控制排放。80 年代，防抱死制动装置和气囊提高了汽车安全性。

13.2.1 汽车传感器概述

传感器作为现代汽车上电子控制系统的重要组成部分，它担负着发动机的燃油喷射、电子点火、怠速控制、进气控制、废气再循环、蒸汽回收及底盘部分的传动、行驶、转向、制动、电子悬架和车身部分的防盗、中央门锁、自动空调等汽车各大电子控制系统的信息采集和传输，是电子控制系统中非常重要的元件。在动力系统中，有用来测定各种流体温度和压力（如进气温度、气道压力、冷却水温和燃油喷射压力等）的传感器；有用来确定各部分速度和位置的传感器（如车速、节气门开度、凸轮轴、曲轴、变速器的角度和速度、排气再循环阀（EGR）的位置等）；还有用于测量发动机负荷、爆震、断火及废气中含氧量的传感器；确定座椅位置的传感器；在防抱死制动系统和悬架控制装置中测定车轮转速、路面高差和轮胎气压的传感器；保护前排乘员的气囊，不仅需要较多的碰撞传感器和加速度传感器，还需要乘员位置、体重等传感器来保证其及时和准确地工作。面对制造商提供的侧置、顶置式气囊以及更精巧的侧置头部气囊，还要增加传感器。随着利用防撞传感器（测距雷达或其他测距传感器）来判断和控制汽车的加速度、车轮的瞬时速度、转矩等研究越来越多，制动系统已成为汽车稳定性控制系统的一个组成部分。

13.2.2　现代车用传感器的应用

在汽车工业高度发达的今天，传感器已经在汽车的各个部件中都得到了广泛应用，如图13-2所示。

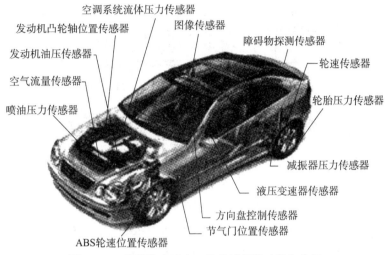

图13-2　某豪华车型中一些传感器的功能和位置

一、发动机控制传感器

发动机管理系统（简称EMS）采用了各种传感器，是整个汽车传感器的核心，种类很多，包括温度传感器、压力传感器、位置和转速传感器、流量传感器、气体浓度传感器和爆震传感器等。这些传感器将发动机吸入的空气量、冷却水温度、发动机转速与加减速等状况转换成电信号送入控制器，控制器将这些信息与储存信息进行比较、精确计算后输出控制信号。EMS不仅可以精确控制燃油供给量，以取代传统的化油器，而且可以控制点火提前角和怠速空气流量等，极大地提高了发动机的性能。如图13-3所示。

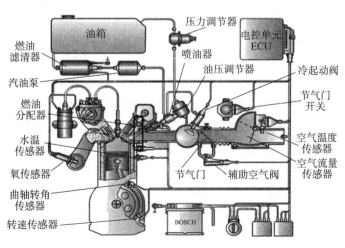

图13-3　某高档轿车发动机汽油喷射系统

二、底盘和主轴上的传感器

底盘、悬架和主轴上的传感器主要包括：转向传感器、车轮角速度传感器、侧滑传感器、横向加速度传感器。这里及往后将重点介绍 ABS（Anti – locked Braking System）防抱死制动系统的传感器，如图 13 – 4 所示。

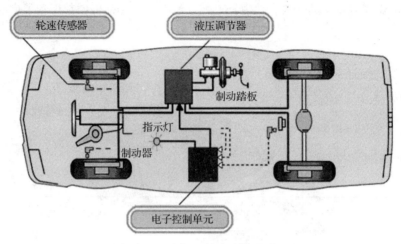

图 13 – 4　防抱死制动系统（ABS）

ABS 的主要作用是改善整车的制动性能，提高行车安全性，防止在制动过程中车轮抱死（即停止滚动），从而保证驾驶员在制动时还能控制方向，并防止后轴侧滑。其工作原理为：紧急制动时，依靠装在各车轮上高灵敏度的车轮转速传感器，一旦发现某个车轮抱死，计算机立即控制压力调节器使该轮的制动分泵泄压，使车轮恢复转动，达到防止车轮抱死的目的。ABS 的工作过程实际上是"抱死—松开—抱死—松开"的循环工作过程，使车辆始终处于临界抱死的间隙滚动状态，有效克服紧急制动时由车轮抱死产生的车辆跑偏现象，防止车身失控等情况的发生。

ABS 的种类可分为机械式和电子式两种。机械式 ABS 结构简单，主要利用其自身内部结构达到简单调节制动力的效果。该装置工作原理简单，没有传感器来反馈路面摩擦力和轮速等信号，完全依靠预先设定的数据来工作，不管是积水路面、结冰路面或是泥泞路面和良好的水泥沥青路面，它的工作方式都是一样的。严格地说，这种 ABS 只能叫作"高级制动系统（Advanced Brake System）"。目前，国内只有一些低端的皮卡等车型仍在使用机械式 ABS。

机械式 ABS 只是用部件的物理特性去机械地动作，而电子式 ABS 是运用电脑对各种数据进行分析运算从而得出结果。电子式 ABS 由轮速传感器、线束、电脑、ABS 液压泵、指示灯等部件构成。能根据每个车轮的轮速传感器的信号，电脑对每个车轮分别施加不同的制动力，从而达到科学合理分配制动力的效果。

最早的 ABS 系统为二轮系统。所谓二轮系统就是将 ABS 装在汽车的两个后轮上。由于两后轮共用一条制动液压管路和一个控制阀，所以又称作"单通道控制系统"。这种系统是根据两个后车轮中附着力较小的车轮状态来选定制动压力的，这被称为"低选原则"。也就是说，采用低选原则的 ABS 车辆的一个后轮有抱死趋势时，系统只能给两个后轮同时泄压。又由于前轮没有防抱死功能，因而，二轮系统难以达到最佳制动效果。

随着相关技术的发展，后来出现了"三通道控制系统"，该系统是在二轮系统基础上，将两前轮由两条单独的管路独立控制。虽然后轮还是采用"低选原则"，但由于实现了紧急制动时的转向功能及防止后轴侧滑的功能，所以这种系统具备了现代 ABS 的主要特点。至今，市面上还有车辆采用这种三通道控制的 ABS 系统。

目前，装备在车辆上最常见的是四传感器四通道 ABS 系统，每个车轮都由独立的液压管路和电磁阀控制，可以对单个车轮实现独立控制。这种结构能实现良好的防抱死功能。

三、车身用传感器

车身控制用传感器主要用于提高汽车的安全性、可靠性和舒适性等。由于其工作条件不像发动机和底盘那么恶劣，一般工业用传感器稍加改进就可以应用。需要解释的是车身上使用的传感器大多都是外置设备，可以由车主喜好自由选择进行组装。因此，车身使用的传感器种类繁多且差异性较大，在此简介一些车身上普遍使用的传感器，见表 13 - 1。

表 13 - 1　车身用传感器

传感器名称	作用
温度传感器、湿度传感器、风量传感器、日照传感器	用于自动空调系统
加速度传感器	用于安全气囊系统中
车速传感器	用于门锁控制
光传感器	用于亮度自动控制
超声波传感器、激光传感器	用于倒车控制
距离传感器	用于保持车距
图像传感器	用于消除驾驶员盲区
罗盘传感器、陀螺仪和车速传感器	用于导航系统的传感器

13.2.3　汽车传感器的分类及工作原理

一、发动机传感器

作为汽车核心部件，发动机的高效率和环保性无疑是各生产厂商不断追求的目标，因此，出色的控制型传感器具有举足轻重的地位。

发动机总成上的传感器主要包括：

发动机——爆震传感器、曲轴位置传感器和转速传感器；

电喷——压力传感器、空气流量传感器、氧传感器、节气门位置传感器、气体浓度传感器；

冷却循环系统——温度传感器。

1. 节气门位置传感器

节气门位置传感器安装在节气门体上，它将节气门开度转换成电压信号输出，以便计算机控制喷油量。节气门位置传感器有开关量输出和线性输出两种类型。

1）开关式节气门位置传感器

这种节气门位置传感器实质上是一种转换开关，又称为节气门开关。这种节气门位置传感器包括动触点、怠速触点、满负荷触点。利用怠速触点和满负荷触点可以检测发动机的怠速状态及重负荷状态。一般将动触点称为 TL 触点，怠速触点称为 IDL 触点，满负荷触点称为 PSW 触点。从结构图可以看出，在与节气门联动的连杆的作用下，凸轮可以旋转，动触点可以沿凸轮的槽运动。这种节气门位置传感器结构比较简单，但其输出是非连续的。如图13 – 5 所示为节气门位置传感器与电子控制器的连接。

在节气门全关闭时，电压从 TL 端子加到 IDL 端子上，再回到电子控制器上。通过这样的途径传递信号时，电子控制器明白节气门现在是全关闭状态。当踏下加速踏板，节气门处于某一开度以上时，电压从 TL 端子经过 PSW 端子再传递给电子控制器。电子控制器获得信号，节气门打开了一定的角度。

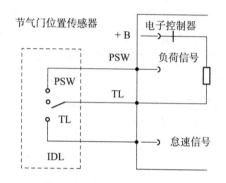

图 13 – 5　节气门位置传感器与
电子控制器的连接

下面将怠速信号与负荷信号对喷油量的影响加以说明。当有 IDL 信号输出并且发动机转速超过规定转速时，则中断供油，以防止催化剂过热及节省燃油。当 IDL 信号从有输出转换到无输出时，电子控制器判断出节气门从全关闭状态换至打开状态，当然也就判断出车辆处于起步或再加速状态，所以就会根据发动机的暖机状态进行加速加浓，增大喷油量，以供给加速所需要的较浓混合气。

当有 PSW 信号输入到电子控制器中时，则发挥输出加浓功能，增大喷油量。在重负荷行车时，若没有 PSW 信号输出，就会没有输出加浓作用，发动机输出的力量就要稍微低一些。

2）线性节气门位置传感器

线性节气门位置传感器装在节气门上，它可以连续检测节气门的开度。它主要由与节气门联动的电位器、怠速触点等组成。电位计的动触点（即节气门开度输出触点）随节气门开度在电阻膜上滑动，从而在该触点上（VTA 端子）得到与节气门开度成正比例的线性电压输出，如图 13 – 6 所示。当节气门全关闭时，另外一个与节气门联动的动触点与 IDL 触点接通，传感器输出怠速信号。节气门位置输出的线性电压信号经过 A/D 转换后输送给计算机。

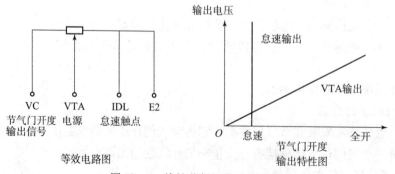

图 13 – 6　线性节气门位置传感器

2. 曲轴位置传感器

曲轴位置传感器（又称点火信号发生器），是发动机集中控制系统中最主要的传感器，它用于点火正时控制，也就是控制点火时刻，确定点火的提前角。另外，它还是检测发动机转速的信号源。磁脉冲式曲轴位置传感器波形图如图13－7所示。

二、车身系统常用传感器

车身系统常用的传感器包括温度传感器、加速度传感器、车速传感器、压力传感器、碰撞传感器及车身系统用其他传感器。在前面的章节里我们已经介绍了温度传感器等一些常用传感器，这里将介绍另外的一些车身系统常用传感器。

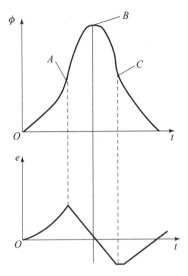

图13－7 磁脉冲式曲轴
位置传感器波形图

1. 碰撞传感器

碰撞传感器用于检测、判断汽车发生碰撞时的撞击信号，以便及时点爆安全气囊。碰撞传感器按其功能可分为碰撞信号传感器和碰撞防护传感器两种。碰撞防护传感器和碰撞信号传感器的结构原理基本相同，其区别在于设定的减速度阈值有所不同。一般碰撞传感器既可用作碰撞信号传感器，也可用作碰撞防护传感器，但是必须设定其减速度阈值。碰撞传感器负责检测碰撞的激烈程度；设置碰撞防护传感器的目的是防止前传感器意外短路而造成防误膨开，因为在不设置碰撞防护传感器的情况下，当监测前碰撞传感器时，如果不慎将其信号输出端子短路使点火器电路接通，那么气囊就会引爆充气膨开。

碰撞传感器实际上是个加速度传感器，ECU实时检测加速度信号，当碰撞发生时，ECU通过一些逻辑判断，确定汽车的减速度达到一定的阈值，如果达到，表明碰撞强度达到限度，即触发安全气囊。

2. 雨水传感器

雨水传感器暗藏在前挡风玻璃后面，它能根据落在玻璃上雨水量的大小来调整雨刷的动作，因而大大减少了开车人的烦恼。

工作原理：雨水传感器不是以几个有限的挡位来变换雨刷的动作速度，而是对雨刷的动作速度做无级调节。它有一个被称为LED的发光二极管负责发送远红外线，当玻璃表面干燥时，光线几乎是100%地被反射回来，这样光电二极管就能接收到很多的反射光线。玻璃上的雨水越多，反射回来的光线就越少，其结果是雨刷动作越快。

3. 汽车座椅传感器

汽车座椅传感器是一种薄膜型点传感器，传感器的触点均匀分布在座椅的压力表面，当座椅受到来自外部的压力时便产生一个触发信号。汽车座椅传感器通常用于汽车座椅乘员感知系统，如安全带报警传感器、出租车自动计费器等。可以根据汽车座椅的行动、硬度和蒙皮的松紧度来设计传感器的外形及触点的灵敏度。

13.3 项目实施

13.3.1 任务分析

一、空气供给系统

空气供给系统如图13-8所示，包括进气总管、进气歧管、节气门体、辅助空气阀等几部分组成。

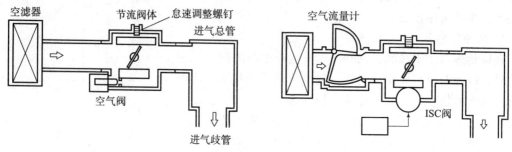

图13-8 空气供给系统

1. 进气总管和进气歧管

喷射方式的不同，进气管结构不同，有利于消除进气脉动和改善各缸进气分配均匀，同时有利于提高进气效率。喷射方式包括多点喷射和单点喷射，各自的特点如下。

多点喷射：进气总管的形状、容积需专门设计，每缸有单独歧管。

单点喷射：与化油器类似。

2. 节气门体

节气门体安装位置在空气流量计与进气总管之间，它由节气门、节气门位置传感器、怠速调整螺钉、辅助空气阀、缓冲器等组成。

3. 辅助空气阀

辅助空气阀的作用是在发动机低温起动以及暖机过程中，提供附加空气量。根据发动机温度，自动改变旁通通道面积，调节进气量。

二、节气门位置传感器的工作原理

节气门位置传感器安装在节气门体上节气门轴的一端。随着驾驶员对加速踏板的控制，节气门位置发生改变，触点在电阻体上滑动，利用变化的电阻值，测得与节气门开度对应的线性输出电压，根据输出的电压信号，确定节气门的开度位置。其结构和输出特性曲线如图13-9所示。

模拟式节气门位置传感器（TPS）是一个可变电阻（电位计），它告诉电脑节气门的位置，大多数节气门位置传感器包含与节气门轴相连的滑动触点臂，该触点臂在绕可动触点的轴放置的电阻材料段上滑动。

节气门位置传感器是一个三线传感器。其中一线从电脑的传感器电源引来的5 V电压对传感器电阻材料供电，另一线连接电阻材料的另一端为传感器提供接地。第三根线连至传感器的可动触点，提供信号输出至电脑。电阻材料上每点的电压，由可动触点探测，并与节气门角度成正比。

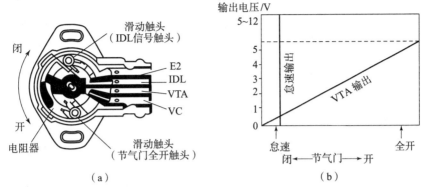

（a）

（b）

图 13 - 9 线性可变电阻型节气门位置传感器的结构与特性

（a）结构；（b）特性

13.3.2 实施步骤

1. 万用表检测

线性节气门位置传感器采用线性电位计，由节气门轴带动电位计的滑动触点，这样在不同的节气门开度下，接入回路的电阻不同。节气门位置传感器结构如图 13 - 10 所示。

具体方法：脱开节气门位置传感器插头，接通点火开关，测量线束处 A 端子电压，应为 5 V。缓慢打开节气门，测量节气门位置传感器 B、C 端子的电阻值，应该连续变化。插上插头，接通点火开关，测量 B、C 端子的信号电压。当节气门关闭时信号电压为 0.5 V，随着节气门缓慢打开，信号电压应从 0.5 V 逐渐升高至节气门全开（WOT）时的 4.5 V。节气门位置传感器电路如图 13 - 11 所示。

图 13 - 10 节气门位置传感器

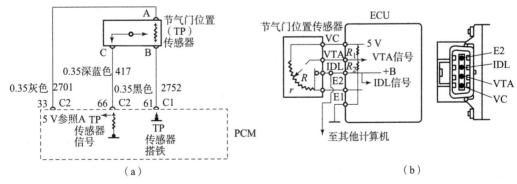

（a）

（b）

图 13 - 11 节气门位置传感器电路

（a）三线；（b）四线

2. 波形检测

（1）连接好波形测试设备，探针接传感器信号输出端子，鳄鱼夹搭铁。

（2）打开点火开关，发动机不运转，慢慢地让节气门从关闭位置到全开位置，并重新返回至节气门关闭位置。慢慢地反复这个过程几次。这时波形应出现在显示屏上，如图 13－12 所示。

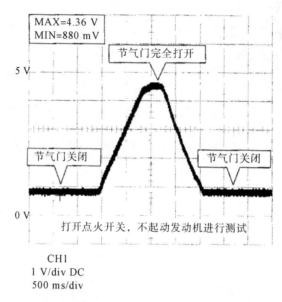

图 13－12　节气门位置传感器波形

3. 测量数据

（1）随着节气门缓慢打开，把万用表测得的电压数据记在表 13－2 中。

表 13－2　数据记录表

开度/g									
电压/mV									

（2）画出线性节气门位置传感器与 ECU 的电路连接图，并说明各连线端的含义。如图 13－13 所示。

（3）绘制节气门位置温度传感器的波形。

13.3.3　数据结果分析

1. 节气门位置传感器常见故障分析

线性节气门位置传感器的常见故障是滑片电阻值不准确、可动触点（触臂）与滑片电阻接触不良等。滑片电阻值不准确会使节气门位置传感器的节气门开度信号不正确，从而造成发动机怠速过高或过低、发动机加速不良等故障；可动触点（触臂）与滑片电阻接触不良会使节气门开度信号时通时断，从而造成发动机加速性能时好时坏。

一般用示波器很容易检测这种故障。如果传感器是坏的时，翻阅制造商规范手册，以得到精确的电压范围，通常传感器的电压应从怠速时的低于 1 V 到油门全开时的低于 5 V，波形上不应有任何断裂、对地尖峰或大跌落。特别应注意达到 2.8 V 处的波形，这是传感器的炭膜容易损坏或断裂的部分。在传感器中磨损或断裂的炭膜不能向电脑提供正确的油门位置信息，所以电脑不能为发动机计算正确的混合气浓度，引起驾驶性能问题。

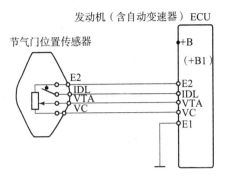

图 13 – 13　节气门位置传感器
与 ECU 的电路连线图

2. 示波器波形结果分析

翻阅制造商规范手册，得到精确度的电压范围，通常传感器的电压应从怠速时的低于 1 V 到油门全开时的低于 5 V，波形上不应有任何断裂、对地尖峰或大跌落。特别应注意在前 1/4 油门运动中的波形，这是在驾驶中最常用到传感器炭膜的部分，传感器的前 1/8 至 1/3 的皮膜通常首先被磨损，如图 13 – 14 所示。

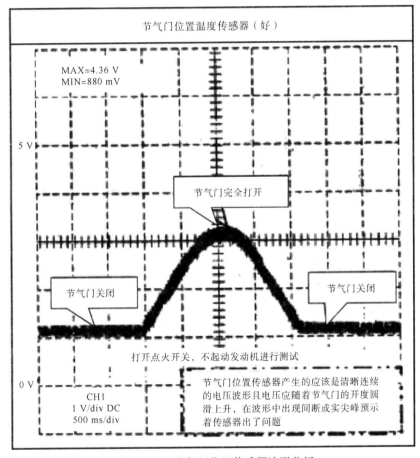

图 13 – 14　节气门位置传感器波形分析

3. 模拟式节气门故障波形分析

一辆轿车在节气门转动到小于半开处时会猛窜动，然后又正常了。这时从传感器捕获的节气门位置传感器波形将间歇性地波动。传感器不是每次节气门开或关时都表现有毛病，有时甚至会良好地工作半小时。模拟式节气门传感器故障波形如图 13 - 15 所示。

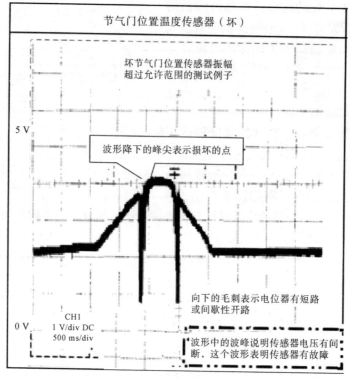

节气门位置温度传感器（坏）

坏节气门位置传感器振幅
超过允许范围的测试例子

5 V

波形降下的峰尖表示损坏的点

向下的毛刺表示电位器有短路
或间歇性开路

0 V

CH1
1 V/div DC
500 ms/div

波形中的波峰说明传感器电压有间
断，这个波形表明传感器有故障

图 13 - 15 模拟式节气门传感器的故障波形

13.4 知 识 拓 展

一、汽车的工作能力与汽车故障

汽车的工作能力是汽车技术文件规定的使用性能指标。执行规定功能的能力称为汽车的工作能力，或称为汽车的工作能力状况。

汽车故障是指汽车部分或完全丧失工作能力的现象。因此，只要汽车工作能力遭到破坏，汽车就处于故障状况。例如，某汽车的油耗超过技术文件的规定，就说明已经处于有故障状况。

二、汽车检测与诊断的目的

汽车检测与诊断的目的是确定汽车的技术状况和工作能力，查明故障部位、故障原因，为汽车继续运行或维修提供依据。汽车检测可分为安全环保检测和综合性能检测两大类。

1. 安全环保检测的目的

安全环保检测是指对汽车实行定期和不定期安全运行和环境保护方面的检测。目的是在汽车不解体情况下，建立安全和公害监控体系，确保车辆具有符合要求的外观容貌、良好的安全性能和符合规定的尾气排放物，在安全、高效和低污染下运行。

2. 综合性能检测的目的

综合性能检测是指对汽车实行定期和不定期综合性能方面的检测。目的是在汽车不解体情况下，对运行车辆确定其工作能力和技术状况，查明故障或隐患的部位和原因；对维修车辆实行质量监督，建立质量监控体系，确保车辆具有良好的安全性、可靠性、动力性、经济性和排放性。同时，对车辆实行定期综合性能检测，又是实行"定期检测、强制维护、视情修理"这一修理制度的前提和保障。

3. 故障诊断的目的

对汽车进行故障诊断，目的是在不解体情况下，对运行车辆查明故障部位，对故障原因进行检查、测量、分析和判断。诊断出故障后，通过调整或修理的方法排除，以确保车辆在良好的技术状况下运行。

三、汽车诊断的方法

汽车技术状况的诊断是由检查、测量、分析、判断等一系列活动完成的，其基本方法主要分为两种：一种是传统的人工经验诊断法，另一种是现代仪器设备诊断法。

1. 人工经验诊断法

这种方法是诊断人员凭丰富的实践经验和一定的理论知识，在汽车不解体或局部解体的情况下，借助简单工具，用眼看、耳听、手摸和鼻闻等手段，边检查、边试验、边分析，进而对汽车技术状况做出判断的一种方法。这种诊断方法具有不需要专用仪器设备，可随时随地进行和投资少、见效快等优点。但是，这种诊断方法存在诊断速度慢、准确性差、不能进行定量分析和需要诊断人员有较丰富的经验等缺点。

2. 现代仪器设备诊断法

这种方法是在人工经验诊断法的基础上发展起来的一种诊断方法，该方法可在汽车不解体情况下，用专用仪器设备检测整车、总成和机构的参数、曲线或波形，为分析、判断汽车技术状况提供定量依据。采用微机控制的仪器设备能自动分析和判断汽车的技术状况。现代仪器设备诊断法具有检测速度快、准确性高、能定量分析、可实现快速诊断等优点，但也存在投资大和对操作人员要求高等缺点。使用现代仪器设备诊断法是汽车检测与诊断技术发展的必然趋势。

四、汽车检测与诊断的参数

诊断参数，是表征汽车、汽车总成及机构技术状况的量。在检测诊断汽车技术状况时，需要采用一种与结构参数有关而又能表征技术状况的间接指标，该间接指标称为诊断参数。诊断参数既与结构参数紧密相关，又能够反映汽车的技术状况，是一些可测的物理量和化学量。

汽车诊断参数包括工作过程参数、伴随过程参数和几何尺寸参数。

1. 工作过程参数

该参数是汽车、总成或机构工作过程中输出的一些可供测量的物理量和化学量。例如，发动机功率、汽车燃料消耗量、制动距离或制动力。汽车不工作时，工作过程参数无法测量。

2. 伴随过程参数

该参数是伴随工作过程输出的一些可测量，例如振动、噪声、异响、温度等。这些参数可提供诊断对象的局部信息，常用于复杂系统的深入诊断。汽车不工作时，无法测量该参数。

3. 几何尺寸参数

该参数可提供总成或机构中配合零件之间或独立零件的技术状况，例如配合间隙、自由行程、圆度、圆柱度、端面圆跳动、径向圆跳动等。这些参数虽提供的信息量有限，但能表征诊断对象的具体状态。

五、诊断参数的选择原则

为了保证诊断结果的可信性和准确性，在选择诊断参数时应遵循以下的原则。

1. 灵敏性

灵敏性是指诊断对象的技术状况在从正常状态到进入故障状态之前的整个使用期内，诊断参数相对于技术状况参数的变化率。选用灵敏性高的诊断参数诊断汽车的技术状况时，可使诊断的可靠性提高。

2. 稳定性

稳定性是指在相同的测试条件下，多次测得同一诊断参数的测量值具有良好的一致性（重复性）。诊断参数的稳定性越好，其测量值的离散度越小。稳定性不好的诊断参数，其灵敏性也低，可靠性差。

3. 信息性

信息性是指诊断参数对汽车技术状况具有的表征性。表征性好的诊断参数，能揭示汽车技术状况的特征和现象，反映汽车技术状况的全部情况。诊断参数的信息性越好，包含汽车技术状况的信息量越多，那么得出的诊断结论越可靠。

4. 经济性

经济性是指获得诊断参数的测量值所需要的诊断作业费用的多少，包括人力、工时、场地、仪器、设备和能源消耗等项费用。经济性高的诊断参数，所需要的诊断作业费用低。

六、汽车诊断参数标准

为了定量地评价汽车、总成及机构的技术状况，确定维修的范围和深度，预报无故障工作里程，必须建立诊断参数标准，提供一个比较尺度，这样在检测到诊断参数值后与诊断参数标准值对照，即可确定汽车是继续运行还是要进行维修。

汽车诊断参数标准与其他标准一样，分为国家标准、行业标准、地方标准和企业标准四类。

1. 国家标准

国家标准是国家制定的标准，冠以中华人民共和国国家标准（GB）字样（如 GB 18565—2001《营运车辆综合性能要求和检验方法》）。国家标准一般由某行业部委提出，由国家质量监督检验检疫总局发布，具有强制性和权威性。

2. 行业标准

该标准也称为部委标准，是部级制定并发布的标准，在部委系统内或行业系统内贯彻执行，一般冠以中华人民共和国某某行业标准（如 JT/T201—1995《汽车维护工艺规范》为交通行业标准）。

3. 地方标准

该标准是省级、市地级、县级制定并发布的标准，在地方范围内贯彻执行，也在一定范围内具有强制性和权威性。地方标准中的限值可能比上级标准中的限值要求更严格。

4. 企业标准

该标准包括汽车制造厂推荐的标准，汽车运输企业和汽车维修企业内部制定的标准，检测仪器设备制造厂推荐的参考性标准三种类型。

13.5　应　用　拓　展

13.5.1　ABS 防抱死制动系统的传感器

ABS（Anti－locked Braking System）防抱死制动系统，是一种具有防滑、防锁死等优点的汽车安全控制系统，现代汽车上大量安装防抱死制动系统，ABS 既有普通制动系统的制动功能，又能防止车轮锁死，使汽车在制动状态下仍能转向，保证汽车的制动方向稳定性，防止产生侧滑和跑偏，是目前汽车上最先进、制动效果最佳的制动装置。ABS 系统各组成部件的功能如表 13 －3 所示。

表 13 －3　ABS 系统各组成部件的功能

组成元件	功能
车速传感器	检测车速，给 ECU 提供车速信号，用于滑移率控制方式
轮速传感器	检测车轮速度，给 ECU 提供轮速信号，各种控制方式均采用
减速传感器	检测制动时汽车的减速度，识别是否是冰雪等易滑路面，只用于四轮驱动控制系统

1. 轮速传感器

齿圈与轮速传感器是一组的，当齿圈转动时，轮速传感器感应交流信号，输出到 ABS 电脑，提供轮速信号。轮速传感器通常安装在差速器、变速器输出轴、各车轮轮轴上。轮速传感器由传感头和齿圈等组成。测速传感器原理图如图 13 －16 所示。

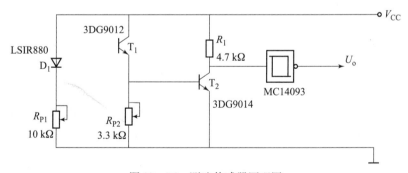

图 13 －16　测速传感器原理图

2. 减速传感器

目前，在一些四轮驱动的汽车上，还装有汽车减速传感器，又称 G 传感器。其作用是在汽车制动时，获得汽车减速度信号。因为汽车在高附着系数路面上制动时，汽车减速度大，在低附着系数路面上制动时，汽车减速度小，因而该信号送入 ECU 后，可以对路面进行区别，判断路面附着系数高低情况。当判定汽车行驶在雪地、结冰路等易打滑的路面上时，采取相应控制措施，以提高制动性能。

减速传感器有光电式、水银式等。

1) 光电式减速传感器

汽车匀速行驶时，透光板静止不动。当汽车减速度时，透光板则随着减速度的变化沿汽车的纵轴方向摆动。减速度越大，透光板摆动位置越高，由于透光板的位置不同，允许发光二极管传送到光电晶体管的光线不同，使光电晶体管形成开和关两种状态。两个发光二极管和两个光电晶体管组合作用，可将汽车的减速度区分为 4 个等级，此信号送入电子控制器就能感知路面附着系数情况。

2) 水银式减速传感器

水银式减速传感器由玻璃管和水银组成。在低附着系数路面时汽车减速度小，水银在玻璃管内基本不动，开关在玻璃管内处于接通（ON）状态。在高附着系数路面上制动时，汽车减速度大，水银在玻璃管内由于惯性作用前移，使玻璃管内的电路开关断开（OFF）。此信号送入 ECU 就能感知路面附着系数情况。水银式汽车减速传感器，不仅在前进方向起作用，在后退方向也能送出减速度信号。

13.5.2 车用空气流量传感器

车用空气流量传感器（或称空气流量计）是用来直接或间接检测进入发动机气缸的空气量大小，并将检测结果转变成电信号输入电子控制单元 ECU。电子控制汽油喷射发动机为了在各种运转工况下都能获得最佳浓度的混合气，必须正确地测定每一瞬间吸入发动机的空气量，以此作为 ECU 计算（控制）喷油量的主要依据。如果空气流量传感器或线路出现故障，ECU 得不到正确的进气量信号，就不能正常地进行喷油量的控制，将造成混合气过浓或过稀，使发动机运转不正常。电子控制汽油喷射系统的空气流量传感器有多种形式，目前常见的空气流量传感器按其结构形式可分为翼片（叶片）式、卡尔曼涡旋式、热膜式等几种。

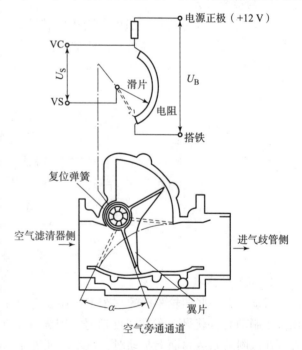

1. 翼片式空气流量传感器

图 13 - 17 是翼片式空气流量传感器工作原理图，该空气流量传感器在主进气道内安装有一个可绕轴旋转的翼片。在发动机工作时，空气经空气滤清器过滤后进入空气流量传感器并推动翼片旋转，使其开启。翼片开启角度由进气量产生的推力大小和安装在翼片轴上复位弹簧弹力的平衡情况决定。当驾驶员操纵加速踏板来改变节气门开度时，进气量增大，进气气流对翼片的推力也增大，这时翼片开启的角度也增大。在翼片轴上安装有一个与翼片同轴旋转的电位计，

图 13 - 17 翼片式空气流量传感器工作原理

这样在电位计上滑片的电阻的变化转变成电压信号。当进气流量增大时，其端子 VC 和 VS 之间的电阻值减小，两端子之间输出的信号电压降低；当进气量减小时，进气气流对翼片的

推力减小，推力克服弹簧弹力使翼片偏转的角度也减小，端子 VC 与 VS 之间的电阻值增大，使两端子间输出的信号电压升高。因此，ECU 可通过变化的信号电压控制发动机的喷油和点火时间。

2. 卡尔曼涡旋式空气流量传感器

为了克服翼片式空气流量传感器的缺点，即在保证测量精度的前提下，扩展测量范围，并且取消滑动触点，人们又开发出小型轻巧的空气流量传感器，即卡尔曼涡旋式空气流量传感器。野外的架空电线被风吹时会嗡嗡发出声响，风速越高声音频率越高，这是因为气流流过电线后形成涡旋所致，液体、气体等流体中均会发生这种现象，利用这一现象可以制成涡旋式空气流量传感器。在管道里设置柱状物，使流体流过柱状物之后形成两列涡旋，根据涡旋出现的频率就可以测量流量。因为涡旋呈两列平行状，并且交替出现，与街道两旁的路灯类似，所以有"涡街"之称。因为这种现象首先被卡尔曼发现，所以也称为卡尔曼涡街现象。

3. 热式空气流量传感器

20 世纪 80 年代后生产的日本日产公爵轿车和美国福特车系轿车多采用热式空气流量传感器。热式空气流量传感器的主要元件是热线电阻，可分为热线式和热膜式两种类型，其结构和工作原理基本相同。下面以热线式空气流量传感器为例进行阐述。热线式空气流量传感器的工作原理如图 13–18 所示。安装在控制电路板上的精密电阻 R_A、R_B 与热线电阻 R_H 和温度补偿电阻 R_K 组成惠斯通电桥电路。当空气流经热线电阻 R_H 时，使热线温度降低，热线电阻值减小，则 R_A 分压增高，a 点电位升高，运算放大器 A 的同相端电位也就升高，于是运算放大器的输出电压 U_o 升高（即 b 点的电压升高），这就使得桥体的电流增加；其作用一是补偿 R_H 的电流，使其不至于因空气流量增加造成温度过低，二是可使 R_A 的分压进一步升高，增加信号电压 U_o 的值，增强了测量电路的灵敏度。反之，过程与上述相反。流经热线的空气量不同，热线的温度变化量不同，热线电阻的变化量也就不同。控制电路将电阻 R_A 两端变化的电压输送给 ECU，便可计算出进气量。

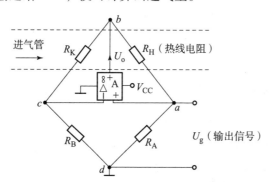

图 13–18　热线式空气流量传感器工作原理图

项目十四

机器人传感器测量路径

14.1 项目描述

机器人是由计算机控制的复杂机器，它具有类似与人的肢体及感官功能，动作程序灵活，有一定程度的智能，在工作时可以不依赖人的操纵。机器人传感器在机器人控制中起了非常重要的作用。正因为有了传感器，机器人才具备了类似于人的知觉功能和反应能力。

传感器使得机器人初步具有类似于人的感知能力，不同类型的传感器组合构成了机器人的感觉系统。机器人传感器主要可以分为视觉、听觉、触觉、力觉和接近觉五大类。不过从人类生理学观点来看，人的感觉可分为内部感觉和外部感觉，类似地，机器人传感器也可分为内部传感器和外部传感器。

14.1.1 学习目标

知识目标：

(1) 掌握机器人传感器的定义及特点；

(2) 掌握机器人传感器的工作原理；

(3) 掌握机器人传感器的分类；

(4) 掌握机器人力觉传感器的工作原理；

(5) 熟悉机器人视觉传感器的工作原理、结构；

(6) 掌握机器人触觉传感器的工作原理、结构。

能力目标：

(1) 能够通过机器人寻迹传感器，使机器人沿着指定轨迹运动；

(2) 能够运用图形化交互式 C 语言给机器人设计程序；

（3）能够正确安装机器人传感器；

（4）能够正确校验机器人寻迹传感器。

14.1.2 项目要求

机器人是通过传感器得到感觉信息的，要使机器人拥有智能，必须由传感器获取信息；通过寻迹传感器获取信息，将信息进行数据处理，能够使机器人按照指定的轨迹运动，完成机器人的智能化作业。

在白色的地面上贴一条黑色的曲线，机器人能够沿着黑色线的轨迹运动。

大学版机器人 MTU - ROBOT 结构如图 14 - 1 所示。

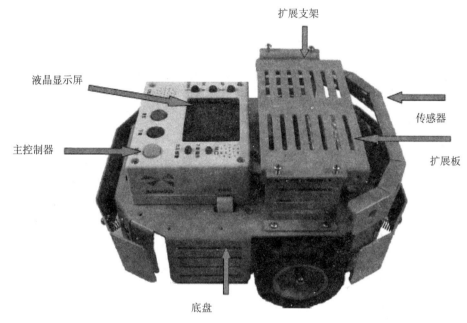

图 14 - 1 MTU - ROBOT 结构简图

14.2 知 识 链 接

1958 年，美国 Consolidated 公司制作出世界第一台工业机器人，从那时起至今，机器人正在一步步走向成熟。我国也在 20 世纪 80 年代初期生产出第一台国产工业机器人。从世界范围来说，机器人的发展和应用尚属初级阶段，原来只有几个发达国家拥有机器人，而随着科学技术的发展，目前世界许多国家拥有了机电一体化的机器人。可以展望，21 世纪必将是机器人得以在各个领域广泛应用的时代，因此学习、了解、应用机器人已成为当务之急。

14.2.1 机器人传感器概述

什么是机器人呢？它的定义是：计算机控制的能模拟人的感觉、手工操纵，具有自动行走能力而又足以完成有效工作的装置，称为机器人。机器人的进化过程大概可以分为 4 代：

第 1 代工业机器人的最大特点就是能够按照教给它的动作重复进行工作，所以也叫作"重复进行工作的机器"；第 2 代机器人与第 1 代机器人相比，它具有识别、选取和判断能力，可在轨道上运行，并能做装配之类的较为复杂的工作；第 3 代机器人是智能机器人，具有感觉和识别能力、声音合成功能、操作和行动功能，以及判断思考和处理问题的能力；第 4 代机器人应该具有以下特征：能表现自身的需求和意愿，具有一定的意志，被称为人类的朋友。

机器人传感器可以定义为一种能将机器人目标物特性（或参量）变换为电量输出的装置。机器人通过传感器实现类似于人的知觉作用，被称为机器人的"电五官"。传感器是机器人完成感觉的必要手段，通过传感器的感觉作用，将机器人自身的相关特性或相关物体的特性转化为机器人执行某项功能时所需要的信息。

14.2.2　机器人传感器的特点

根据传感器在机器人上应用的目的和使用范围不同，可分为内部传感器和外部传感器。

机器人内部传感器用于检测机器人自身状态（如手臂间角度、机器人运动工程中的位置、速度和加速度等）；外部传感器用于检测机器人所处的外部环境和对象状况等，如抓取对象的形状、空间位置、有没有障碍、物体是否滑落等。

机器人的视觉系统通常是利用光电传感器构成的。多数是用电视摄像机和计算机技术来实现的，故又称为计算机视觉。视觉传感器的工作过程可分为检测、分析、描绘和识别 4 个主要步骤。

听觉传感器具有语音识别功能。能检测出声音或声波的传感器称为听觉传感器，通常用话筒等振动检测器作为检测元件。

触觉传感器能感知被接触物体的特征以及传感器接触外界物体后的自身状况，如是否握牢对象物体或对象物体在传感器的什么位置。

力觉传感器是用来检测机器人的手臂和手腕所产生的力或其所受反力的传感器。

接近觉传感器，即当机器人的手接近对象物体的距离为一定时（通常约为数毫米或数十毫米）就可以检测出到对象物体表面的实际距离、物体的倾斜度和表面状态的传感器。

滑觉传感器是用来检测垂直于握持方向的物体的位移、旋转和由重力引起的变形，以达到修正受力值，防止滑动，进行多层次作业及测量物体重量和表面特性等目的。

14.2.3　机器人传感器的分类

机器人内、外传感器的分类如表 14 - 1 所示。

一、位移传感器

按照位移的特征，可分为线位移和角位移。线位移是指机构沿着某一条直线运动的距离，角位移是指机构沿某一定点转动的角度。

1. 电位器式位移传感器

电位器式位移传感器由一个线绕电阻（或薄膜电阻）和一个滑动触点组成。其中滑动触点通过机械装置受被检测量的控制。当被检测的位置发生变化时，滑动触点也发生位移，从而改变了滑动触点与电位器各端之间的电阻值和输出电压值，根据这种输出电压值的变化，可以检测出机器人各关节的位置和位移量。

表 14 - 1 机器人内、外传感器的分类

传感器	检测内容	检测器件	应用
位移传感器	位置、角度	电位器、直线感应同步器 角度式电位器、光电编码器	位置移动检测 角度变化检测
速度传感器	速度	测速发电机、增量式码盘	速度检测
加速度传感器	加速度	压电式加速度传感器 压阻式加速度传感器	加速度检测
触觉传感器	接触	限制开关	动作顺序控制
	把握力	应变计、半导体感压元件	把握力控制
	荷重	弹簧变位测量器	张力控制、指压控制
	分布压力	导电橡胶、感压高分子材料	姿势、形状判别
	多元力	应变计、半导体感压元件	装配力控制
	力矩	压阻元件、发动机电流计	协调控制
	滑动	光学旋转检测器、光纤	滑动判定、力控制
接近觉传感器	接近	光电开关、LED、红外、激光	动作顺序控制
	间隔	光电晶体管、光电二极管	障碍物躲避
	倾斜	电磁线圈、超声波传感器	轨迹移动控制、探索
视觉传感器	平面位置	摄像机、位置传感器	位置决定、控制
	距离	测距仪	移动控制
	形状	线性图像传感器	物体识别、判别
	缺陷	图像传感器	检查，异常检测
听觉传感器	声音	麦克风	语言控制（人机接口）
	超声波	超声波传感器	导航
嗅觉传感器	气体成分	气体传感器、射线传感器	化学成分探测
味觉传感器	味道	离子敏感器、pH 计	

2. 直线感应同步器

直线感应同步器由定尺和滑尺组成。定尺和滑尺间保证有一定的间隙，一般为0.25 mm左右。在定尺上用铜箔制成单项均匀分布的平面连续绕组，滑尺上用铜箔制成平面分段绕组。绕组和基板之间有一厚度为0.1 mm 的绝缘层，在绕组的外面也有一层绝缘层，为了防止静电感应，在滑尺的外边还粘贴一层铝箔。定尺固定在设备上不动，滑尺则可以在定尺表面来回移动。

3. 圆形感应同步器

圆形感应同步器主要用于测量角位移。它由钉子和转子两部分组成。在转子上分布着连

续绕组，绕组的导片是沿圆周的径向分布的。在定子上分布着两相扇形分段绕组。定子和转子的截面构造与直线感应同步器是一样的，为了防止静电感应，在转子绕组的表面粘贴一层铝箔。

二、力觉传感器

力觉传感器是用来检测机器人的手臂和手腕所产生的力或其所受反力的传感器。手臂部分和手腕部分的力觉传感器，可用于控制机器人手所产生的力，在进行费力的工作中以及限制性作业、协调作业等方面是有效的，特别是在镶嵌类的装配工作中，它是一种特别重要的传感器。

力觉传感器的元件大多使用半导体应变片。将这种传感器件安装于弹性结构的被检测处，就可以直接地或通过计算机检测具有多维的力和力矩。使全部的检测部件都相互垂直，并且如能将应变片粘贴于与部件中心线准确对称的位置上，则各个方向的力的干扰就可降低至1%以下。这样就可以简化信息处理，也便于进行控制。

手指部分的握力控制，最简单的形式就是采用将应变片直接粘贴于手指根部的检测方法。关于握力传感器的信息处理，为了保证其稳定性，消除接触时的冲击力，或实现微小的握力，在两个手指式的钳形机构中，通常是利用PID运算反馈。PID是通过比例、积分和微分参数的适当给定，从而实现软接触、软掌握、反射接触、零掌握等动作。

检测指力的方法，一般是从螺旋弹簧的应变量推算出来的。在图14-2所示的结构中，由脉冲电动机通过螺旋弹簧去驱动机器人的手指。所检测出的螺旋弹簧的转角与脉冲电动机转角之差即为变形量，从而也就可以知道手指所产生的力，令其完成搬运之类的工作。手指部分的应变片，是一种控制力量大小的器件。

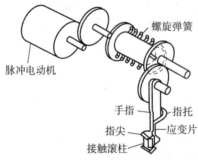

图14-2　脉冲电动机的指力传感器

三、触觉传感器

触觉传感器能感知被接触物体的特征以及传感器接触外界物体后的自身状况，如是否握牢对象物体或对象物体在传感器的什么位置。

常使用的触觉传感器有机械式传感器（如微动开关）、针式差动变压器、含碳海绵及导电橡胶等几种。当接触力作用时，这些传感器以通断方式输出高低电平，实现传感器对被接触物体的感知。

如图14-3所示，是针式差动变压器矩阵式触觉传感器，它由若干个触针式触觉传感器构成矩阵形状。每个触针传感器由钢针、塑料套筒以及使针杆复位的磷青铜弹簧等构成，并在每个触针上绕着激励线圈与检测线圈，用以将感知的信息转换成电信号，再由计算机判定接触程度和接触位置等。当针杆与物体接触而产生位移时，其根部的磁极体将随之运动，从而增强了两个线圈——激励线圈与检测线圈间的耦合系数，检测线圈上的感应电压随针杆的位移增加而增大。通过扫描电路轮流读出各列检测线圈上的感应电压（代表针杆的位移量），经计算机运算判断，即可知道被接触物体的特征或传感器自身的感知特性。

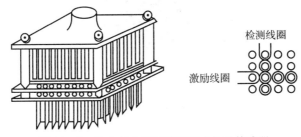

图 14 - 3　针式差动变压器矩阵式触觉传感器

四、接近觉传感器

接近觉传感器是机器人能感知相距几毫米到几十厘米内对象物或障碍物的距离、对象物的表面性质等的传感器。其目的是在接触对象前得到必要的信息，以便后续动作。这种感觉是非接触的，实质上可以认为是介于触觉之间的感觉。这种传感器，是有检测全部信息的视觉和力学信息的触觉的综合功能的传感器。它对于实用的机器人控制方面，具有非常重要的作用。

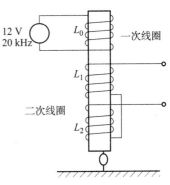

图 14 - 4　电感式接近觉传感器

接近觉传感器有电磁式、光电式、电容式、气动式、超声波式和红外式等类型。以金属表面为对象的焊接机器人大多采用电磁感应法，如图 14 - 4 所示为利用涡流原理的接近觉传感器的原理图。在一次线圈中有高频电流通过，用连接成差动的测量线圈和（即一次线圈相量和）就可测出由涡流引起的磁通变化。这种传感器具有优良的温度特性、抗干扰能力强等特点。当温度在 200 ℃以下时，其测量范围为 0 ~ 8 mm，精度为 4% 以下。

五、视觉传感器

视觉传感器的工作过程可分为检测、分析、描绘和识别 4 个主要步骤。

客观世界中三维实物经由传感器（如摄像机）成为平面的二维图像，再经处理部件给出景象的描述。应该指出，实际的三维物体形态和特征是相当复杂的，特别是由于识别的背景千差万别，而机器人上视觉传感器的视角又在时刻变化，引起图像时刻发生变化，所以机器人视觉在技术上的难度是较大的。

六、滑觉传感器

实际上，滑觉传感器是用于检测物体接触面之间相对运动大小和方向的传感器，也就是用于检测物体的滑动。例如，利用滑觉传感器判断机械手是否握住物体，以及应该使用多大的力等。当手指夹住物体，做把它举起的动作、把它交给对方的动作和加速或减速运动的动作时，物体有可能在垂直于所加握力方向的平面内移动，即物体在机器人手中产生滑动，为了能安全正确地工作，滑动的检测和握力的控制就显得十分重要。

如图 14 - 5 所示是滚珠式滑动传感器。图中的滚球表面是导体和绝缘体配置成的网眼，从物体的接触点可以获取断续的脉冲信号，它能检测全方位的滑动。

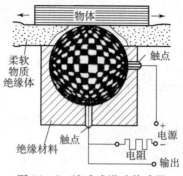

图 14 - 5　滚珠式滑动传感器

七、嗅觉传感器

嗅觉传感器主要采用气体传感器、射线传感器等，多用于检测空气中的化学成分、浓度等。在放射线、高温煤气、可燃性气体以及其他有毒气体的恶劣环境下，开发检测放射线、可燃气体及有毒气体的传感器是很重要的，这对于我们了解环境污染，预防火灾和毒气泄漏报警具有重大的意义。

八、听觉传感器

听觉也是机器人的重要感觉器官之一。由于计算机技术语音学的发展，现在已经实现用机器人代替人耳，通过语音处理及识别技术识别讲话人，还能正确理解一些简单的语句。然而，由于人类的语言是非常复杂的，无论哪个民族，其语言的词汇量都非常大，即使是同一个人，他的发音也随着环境及身体状况有所变化，因此，使机器人的听觉具有接近耳的功能还相差甚远。

机器人由听觉传感器实现人－机对话。一台高级的机器人不仅能听懂人讲的话，而且能讲出人能听懂的语言，赋予机器人的这些智慧与技术统称为语言处理技术，前者为语言识别技术，后者为语音合成技术。具有语音识别功能，能检测出声音或声波的传感器称为听觉传感器，通常用话筒等振动检测器作为检测元件。

机器人听觉系统中的听觉传感器的基本形态与传声器相同，所以在声音的输入端方面问题较少。其工作原理多为利用压电效应、磁电效应等。

实现这一技术的声音识别大规模集成电路已经商品化了，其代表型号有：TMS320C25FNL、TMS320C25GBL、TMS320C30GBL 和 TMS320C50PQ 等，采用这些芯片构成的传感器控制系统如图 14 - 6 所示。这样的听觉传感器，可以有效地用于告诉机器人如何进行操作，从而构成声音控制型机器人，而且现在正在研制可确认声音合成系统的指令以及可与操作员对话的机器人。

九、味觉传感器

味觉传感器是在发展离子传感器与生物传感器的基础上，配合微型计算机进行信息的组合来识别各种味道。通常味觉是对液体进行化学成分的分析。实用的味觉方法有 pH 计、化学分析器等。一般味觉可探测溶于水中的物质，嗅觉探测气体状的物质，而且在一般情况下，当探测化学物质时嗅觉比味觉更敏感。

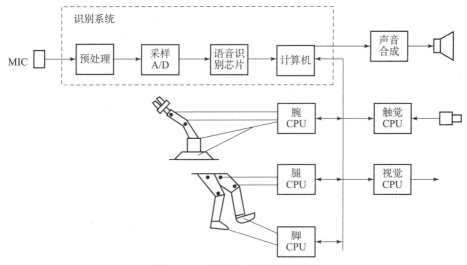

图 14 - 6　听觉传感器系统框图

14.3　项目实施

14.3.1　任务分析

一、机器人 MTU - ROBOT 的内部结构

1. MTU - ROBOT 的内部结构

MTU - ROBOT 的内部结构如图 14 - 1 所示。

2. MTU - ROBOT 的控制按键部分

MTU - ROBOT 背后的控制按键部分如图 14 - 7 所示。在这个部分有 2 个小灯，它们指示 MTU - ROBOT 所处的状态。

图 14 - 7　控制按键部分

开关按钮：控制 MTU - ROBOT 电源开关的按钮，按此按钮可以打开或关闭机器人电源。

电源指示灯：按下 MTU - ROBOT 的电源开关后，这个灯会发绿光，这时可以与机器人进行交流了。

充电指示灯：当你给机器人充电时，充电指示灯发红光。

充电口：将充电器的相应端插入此口，再将另一端插到电源上即可对机器人充电。具体使用方法见"MTU－ROBOT 的充电"内容。

下载口：充电口旁边的下载口用于下载程序到机器人主板上，使用时只需将串口连接线的相应端插入下载口，另一端与计算机连接好，这样机器人与计算机就连接起来了。

复位/MTOS 按钮：这是个复合按钮，用于下载操作系统和复位。当串口通信线接插在下载口上时，按击此按钮，机器人系统默认为此操作为下载操作；如果想使用其复位功能则需要将通信线拔下，按击此按钮，机器人系统认为此操作为系统复位。

运行键：打开电源后，按击运行键，机器人就可以运行内部已存储的程序，按照所给指令行动。

通信指示灯：通信指示灯位于机器人主板的前方，在给 MTU－ROBOT 下载程序时，这个黄灯会闪烁，这样就表明下载正常，程序正在进入机器人的大脑即 CPU。

3. MTU－ROBOT 的系统结构概述

MTU－ROBOT 的系统结构可以概括为控制部分、传感器部分以及执行部分。主要结构如图 14－8 所示。

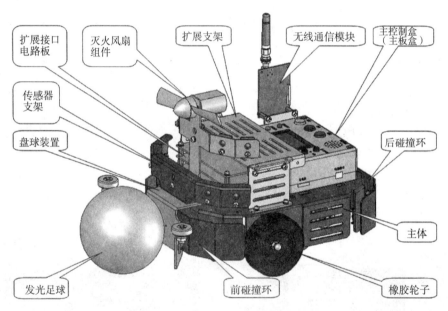

图 14－8　MTU－ROBOT 总体构成图

MTU－ROBOT 控制部分：控制部分是 MTU－ROBOT 机器人的核心组成部分，集成在一个主板盒里面，主板盒外观如图 14－9 所示。

位于 MTU－ROBOT "心脏"部位的控制部件是 MTU－ROBOT 的大脑——主板，它被安装在主板盒里面，由很多电子元器件组成，跟人的大脑一样，主要完成接收信息、处理信息、发出指令等一系列过程。

MTU－ROBOT 的大脑有记忆功能，这主要由主板上的内存来实现，至于"大脑"的分析、判断、决断功能则由主板上的众多芯片共同完成。

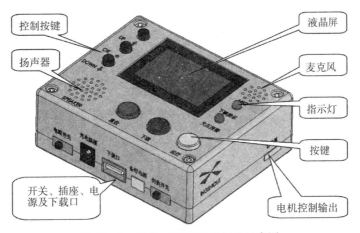

图 14 - 9　MTU - ROBOT 主板盒示意图

4. 扩展接口电路板

位于 MTU - ROBOT 前端的扩展接口电路板提供了"心脏"（主板盒）与"眼睛"（各种传感器）及"手脚"（各种执行机构）之间的信息传达桥梁，并给执行机构及各种传感器提供动力。MTU - ROBOT 可以根据用户不同的创新设计安装不同的扩展接口电路板，机械连接甚至在理论上可以无限扩展。图 14 - 10 所示为扩展三块电路板的安装方式。

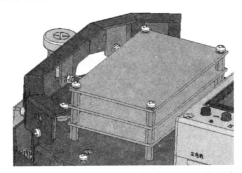

图 14 - 10　MTU - ROBOT 扩展电路板安装示意图

二、机器人的传感器

MTU - ROBOT 机器人的传感器，如图 14 - 11 所示，主要几种传感器介绍如下。

1. 碰撞传感器

MTU - ROBOT 机器人的下部放置了一个碰撞系统，保证 MTU - ROBOT 机器人的正常活动。MTU - ROBOT 机器人的碰撞机构能够检测到来自前后各 120°范围内物体的碰撞，使 MTU - ROBOT机器人遭遇到来自不同方向的碰撞后，能够转弯避开并保持正常活动。前后的碰撞系统分别由一个被弹性固定到机器人主体上的半环状金属片和三个碰撞开关组成。来自不同方向的碰撞将使不同的碰撞开关闭合，从而可以判断出障碍物的方向。图 14 - 11 中可以看出前后碰撞环的安装位置。

2. 红外传感器

MTU - ROBOT 机器人的红外传感器共包含两种器件：红外发射管和红外接收管，红外接收管可以安装于 MTU - ROBOT 机器人的正前方，两只红外发射管安装于红外接收管的两侧；同时红外发射管也可以安装于 MTU - ROBOT 机器人的正前方，两只红外接收管安装于红外发射管两侧。而且它们也可以安装到灭火风扇支架上面，因而可以说 MTU – ROBOT 机器人提供给了用户更多的发挥自主创新的空间。

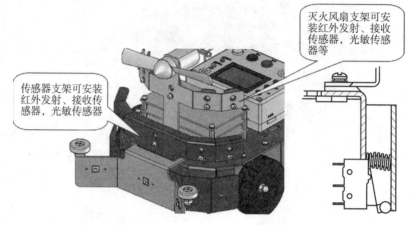

灭火风扇支架可安装红外发射、接收传感器，光敏传感器等

传感器支架可安装红外发射、接收传感器，光敏传感器

传感器安装示意图

光电耦合器

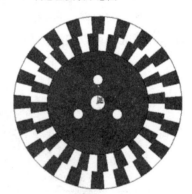

光电编码器的码盘

碰撞开关

红外发射、接收传感器

光敏传感器

灰度传感器

图 14 – 11　MTU – ROBOT 感官部分

红外发射管可以发出红外线，红外线在遇到障碍物后被反射回来，红外接收管接收到被反射回来的红外线以后，通过 A/D 转换送入 CPU 进行处理。MTU – ROBOT 机器人的红外传

感器能够看到前方 10～80 cm、90°范围内的比 210 mm×150 mm 面积大的障碍物，如果障碍物太小太细，或者在它的可视范围以外，它就没法看到了。

在 MTU - ROBOT 机器人的可视范围内，它的可视距离是可以调整的，具体参见后面传感器部分。

3. 光敏传感器

光敏传感器是由两个光敏电阻组成的，它可以安装于机器人的传感器支架、灭火风扇支架上的任意位置。

光敏传感器能够探测光线，不过在机器人上是让它看见特定的颜色。通常在 MTU - ROBOT 机器人的光敏传感器上罩上一层滤光纸，通过它的颜色来决定 MTU - ROBOT 机器人能探测什么颜色的光线。

大学版机器人 MTU - ROBOT 上有 2 个光敏传感器，如图 14 - 12 所示，它可以检测到光线的强弱。

图 14 - 12　光敏传感器

光敏传感器其实是一个光敏电阻，它的阻值受照射在它上面的光线强弱的影响。大学版机器人 MTU - ROBOT 所用的光敏电阻的阻值在很暗的环境下为 75 kΩ，室内照度下为几千欧，阳光或强光下为几十欧。

光敏传感器是一个可变的电阻，它的电极图案如图 14 - 13 所示。

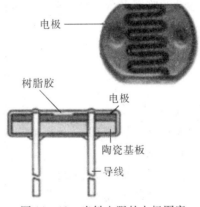

图 14 - 13　光敏电阻的电极图案

4. 话筒

MTU - ROBOT 机器人的话筒的功能很强，它可以感受到声音的强弱。我们知道自己的耳朵并不是所有声音都可以听见的，我们听见的声音在一定的频率范围内，MTU - ROBOT 的"耳朵"也是这样，它能听见的声音频率范围跟人能听到的范围大致是一样的，是 16 Hz～20 kHz 的机械波。

MTU - ROBOT 机器人在听到人的声音命令后，会根据人的指示（由程序事先输入）采取行动。

MTU – ROBOT 机器人话筒也就是麦克风，在主板盒上面的右上方。

5. 光电编码器

在 MTU – ROBOT 机器人里有光电编码器，它主要用于检测和反馈控制的输出信号。光耦（光电耦合器）通过测定随轮轴一起转动的码盘的转动角度，得出轮子所转动的圈数，从而测定距离。

6. 地面灰度传感器

地面灰度传感器也叫寻迹传感器，它由一个红外光发射管和一个红外光接收管组成，由于地面的灰度不同，经过反射，接收管接收到的信号也会发生相应的变化，从而可以得到地面上灰度的信息。

7. 金属接近开关

金属接近开关为一种反射式接近传感器，可以探测到一定距离内的金属物体。

8. 热释电红外传感器

热释电红外传感器对移动的人体热源敏感，可以探测几米外的人体。大学版机器人装上 1 个或几个热释电红外传感器后，你可以让它一看见你，就向你迎过来，让它跟着你走。

9. 超声波传感器

超声波传感器是机器人测距的专业传感器，测量距离一般为 20 cm ~ 6 m，测量精度为 1%，是通过测量声波发射与收到回波之间的时间差来测量距离的。运用大学版机器人本体上带的传感器在房间里找到门不容易，但运用声呐对房间扫描一周后，就能较方便地找到房门。

10. 无线视觉传感器

用大学版智能机器人来作移动的监视平台，可以在大学版机器人上安装无线摄像头，把视频信号发射出来，用 PC 机接收后进行图像处理。

14.3.2 实施步骤

一、进入编程界面

图形化交互式 C 语言（简称流程图）是用于 MTU – ROBOT 的专用开发系统。流程图编辑环境运行在 Windows 95/98 和 Windows NT 4.0 以上版本的操作系统上。流程图是由图形化编程界面和 C 语言代码编程界面组成的。

双击桌面上的流程图图标，进入流程图程序编程界面（见图 14 – 14），可以看到流程图的图形化编程界面是由这样几个部分组成：菜单栏、工具栏、模块库（包括执行器、传感器、控制器、程序模块库）、垃圾箱、流程图生成区、C 语言代码显示区。通过单击图形化编程界面工具栏中"切换"按钮就可以切换到 C 语言代码编程界面（见图 14 – 15）。

可以看到流程图的 C 语言代码编程界面是由这样几个部分组成的：菜单栏、工具栏、编辑窗口、C 语言信息窗口。通过单击 C 语言代码编程界面工具栏中的"切换"按钮就可以切换到图形化编程界面。

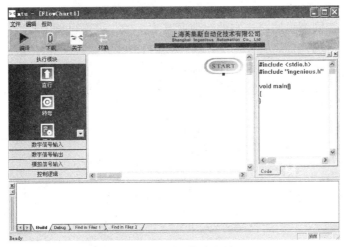

图 14 – 14　图形化编程界面

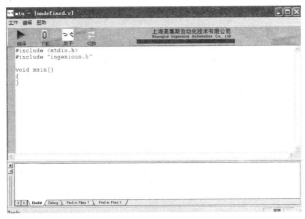

图 14 – 15　C 语言代码编程界面

二、传感器的安装与校准

1. 合理地安装传感器

根据黑线宽度来确定两个传感器之间的距离，传感器的最佳距离为正好等于或者大于黑线的宽度。一般安装位置如图 14 – 16 所示。

图 14 – 16　传感器的安装

2. 传感器的校准

两个传感器对相同颜色测量出来的数值要基本一致，可通过调节可变电阻实现。

三、编写程序（参考源程序）

基本策略是左边传感器检测到黑线时往右转，右边传感器检测到黑线时往左转，当没有检测到黑线时直走。将机器人放在线上，寻迹传感器正好在黑线的两侧。

参考源代码：

```
#include <stdio.h>
#include "ingenious.h"
int AD7 = 0;
int AD8 = 0;
unsigned int receivedata = 0, i = 0;
void music_play(int i);
int j = 0;
void main()
{
   while(1)
   {
      AD7 = AD(7);
      AD8 = AD(8);
      Mprintf(1,"AD7 = % d",AD7);
      Mprintf(3,"   AD8 = % d",AD8);
      if((AD7 < 500)&&(AD8 < 560))
      {
          stop();
           sleep(2000);
          move(100,100,0);
           sleep(200);
      }
   if(AD7 < 500)
   {
      move(160, 60, 0);
   }
   else
   {
      if(AD8 < 600)
      {
        move(60, 170, 0);
      }
```

```
    else
    {
    move(100,110,0);
    }
    }
  }
}
```

14.3.3 编程界面介绍

1. 图形化编程界面

新建程序:采用模块搭建流程图的形式进行编程。要编写流程图程序,可以在单击桌面上流程图图标之后出现的初始界面中选择"新建流程图"命令,这样就进入了一个图形化编辑界面。如果编辑过之后,还想再新建一个程序,那么可以选择菜单栏中的"文件"→"新建"命令,也可以利用工具栏里的"新建"快捷按钮,直接新建一个新程序,如图 14-17 所示。

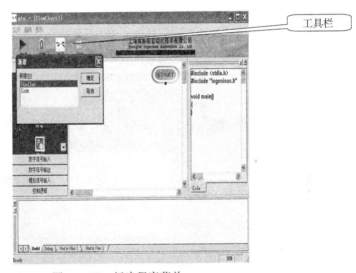

图 14-17 新建程序菜单

打开程序:可以选择菜单栏中的"文件"→"打开"命令(或单击工具栏中的"打开"按钮),来查看或编辑以前保存的程序。

下载程序:写好的应用程序必须下载到 MTU-ROBOT 上运行。可以选择菜单栏中的"工具"→"下载当前程序"命令来下载当前窗口里的应用程序,或单击工具栏中的"下载"按钮,如图 14-18 所示。

图 14-18 编辑并下载当前程序菜单

2. C 语言代码编程界面

新建程序：在流程图的 C 语言代码编程界面中可以采用 C 语言进行编程。

同样的方法，可以在单击桌面上流程图图标之后出现的初始界面中选择"新建 C 语言程序"命令，这样就进入了一个 C 语言代码编辑界面。如果还想再新建一个新的程序，那么可以选择菜单栏中的"文件"→"新建"命令，然后在新建的窗口里编写程序。

打开程序：可以选择菜单栏中的"文件"→"打开"命令，来查看或编辑以前保存的程序。

下载程序：写好的应用程序必须下载到大学版机器人 MTU – ROBOT 上进行。可以选择工具栏里的 ![按钮] 按钮下载当前窗口里的应用程序。流程图会在 C 语言信息窗口中显示应用程序的编译下载过程。下载过程中，可以看到控制板前面的黄灯在闪动，表示数据在传送。

调试程序：所编写的 C 语言程序如果有语法错误，那么在编译下载时就会在 C 语言信息窗口中显示程序的语法错误，提示错误可能在程序的第几行（用括号注明），并提示可能的错误原因。这样你可以使用编译中的"转到"命令，就会出现跳转对话框，将出错的行数写入此对话框，光标就会自动跳转到该错误行，那么你就可以找出错误，并修改它，再次编译下载，直到没有编译错误、下载成功为止。这种方法可以加快调试过程。

3. 流程图程序界面

双击 mtu 文件夹中的可执行文件 Robot. exe ![图标] 图标，进入机器人编程界面，如图 14 – 19 所示。它支持流程图语言、汇编 ASM 和 C 语言程序。

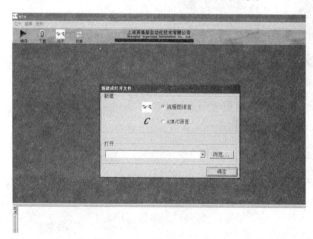

图 14 – 19　新建或打开文件

14.4　知 识 拓 展

1. 融合的概念

将经过集成处理的多传感器信息进行合成，形成一种对外部环境或被测对象某一特征的表达方式。单一传感器只能获取环境或被测对象的部分信息，而多传感器信息经过融合后能够完善地、准确地反映环境的特征。经过融合过后的传感器信息具有冗余性、信息互补性、信息实时性、信息获取的低成本性等特征。

2. 融合的过程

首先将被测对象转换为电信号，然后经过 A/D 变换将它们转换为数字量。数字化后电信号需经过预处理，以滤除数据采集过程中的干扰和噪声。对经处理后的有用信号作特征抽取，再进行数据融合；或者直接对信号进行数据融合。最后，输出融合的结果。融合的过程结构图如图 14-20 所示。

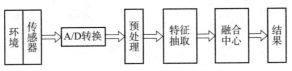

图 14-20　融合的过程结构图

3. 信息融合的分类

（1）组合：由多个传感器组合成平行或互补方式来获得多组数据输出的一种处理方法，是一种最基本的方式，涉及的问题有输出方式的协调、综合以及传感器的选择。在硬件这一级上应用。

（2）综合：信息优化处理中的一种获得明确信息的有效方法。

例：在虚拟现实技术中，使用两个分开设置的摄像机同时拍摄到一个物体的不同侧面的两幅图像，综合这两幅图像可以复原出一个准确的有立体感的物体的图像。

（3）融合：当将传感器数据组之间进行相关或将传感器数据与系统内部的知识模型进行相关，而产生信息的一个新的表达式。

（4）相关：通过处理传感器信息获得某些结果，不仅需要单项信息处理，而且需要通过相关来进行处理，获悉传感器数据组之间的关系，从而得到正确信息，剔除无用和错误的信息。

相关处理的目的：对识别、预测、学习和记忆等过程的信息进行综合和优化。

4. 融合的方法

融合处理方法是将多维输入数据根据信息融合的功能，在不同融合层次上采用不同的数学方法，对数据进行综合处理，最终实现融合。

常用的方法可概括为概率统计方法和人工智能方法。与概率统计有关的方法：估计理论、卡尔曼滤波、假设检验、贝叶斯方法、统计决策理论以及其他变形的方法；而人工智能类则有模糊逻辑理论、神经网络、粗集理论和专家系统等。

14.5　应用拓展

14.5.1　水下机器人传感器

水下机器人是一种可在水下移动、具有视觉和感知系统、通过遥控或自主操作方式、使用机械手或其他工具代替或辅助人去完成水下作业任务的装置。水下机器人如图 14-21 所示。

图 14 - 21　水下机器人

水下机器人的关键技术：

1. 能源技术

随着水深度的增加，有缆遥控水下机器人必须具备高电压的动力输送和动力设备。目前 3 000 V电压动力较为普遍地应用在遥控无人潜水器上。为了减少脐带电缆的尺寸和重量，将来遥控无人潜水器会采用更高的电压等级。目前无缆水下机器人的能源较多是使用铅酸电池和银锌电池。

2. 精确定位技术

目前水下机器人在水上采用 GPS，水下定位采用声学定位设备。水下 GPS 技术目前正在迅速地发展，自治导航的精度预计将在 5 年内提高 10 倍。

3. 零可见度导航技术

混水作业一直是水下机器人应用的最大障碍，利用声学、激光技术以及计算机图形增强技术，将使这个难题得到解决。

4. 材料技术

在水中每增加 10 m 的水深，外界压力将增加 1 个大气压（0.1 MPa）。高强度、轻质、耐腐蚀的结构材料和浮力材料是水下机器人重点发展的技术问题。

5. 作业技术

水下机器人的发展目标是代替人完成各种水下作业。柔性水下机械手、专用水下作业工具以及临场感、虚拟现实技术的发展，将使水下机器人在海洋开发中发挥更大的作用。

6. 声学技术

被称为声学技术革命的最新的"矢量换能技术"，可使自主水下机器人的跟踪距离达到 100 km 以上。低频水声通信技术可使在水下的通信距离达到 1 000 km 以上，图像的水下传输距离可达 20 km 以上。水声技术的发展将使水下机器人真正具有"千里耳"。

7. 智能技术

机器具有与人相同的智能或超过人的智能是科幻电影的事情，从目前机器智能的发展程度看还需有较长的路要走。由人参与或半自主的水下机器人是解决目前复杂的水下作业的现实办法。

8. 回收技术

水下机器人的吊放回收作业一般是在海面附近进行的，所以常受海况条件的限制而成为影响水下机器人水下作业的主要因素。

14.5.2　焊接机器人传感器

一、焊接机器人概述

焊接机器人是指具有 3 个或 3 个以上可自由编程的轴，并能将焊接工具按要求送到预定空间位置，按要求轨迹及速度移动焊接工具的机器。焊接机器人的结构如图 14-22 所示。

图 14-22　焊接机器人

二、点焊机器人

点焊机器人由机器人本体、计算机控制系统、示教盒和点焊焊接系统几部分组成，为了适应灵活动作的工作要求，通常点焊机器人选用关节式工业机器人的基本设计，一般具有 6 个自由度：腰转、大臂转、小臂转、腕转、腕摆及腕捻。其驱动方式有液压驱动和电气驱动两种。其中电气驱动具有保养维修简便、能耗低、速度高、精度高、安全性好等优点，因此应用较为广泛。点焊机器人按照示教程序规定的动作、顺序和参数进行点焊作业，其过程是完全自动化的，并且具有与外点焊机器人专用的点焊钳部设备通信的接口，可以通过这一接口接收上一级主控与管理计算机的控制命令进行工作。

三、焊接机器人的应用

焊接机器人在高质量、高效率的焊接生产中，发挥了极其重要的作用。工业机器人技术的研究、发展与应用，有力地推动了世界工业技术的进步。近年来，焊接机器人技术的研究与应用在焊缝跟踪、信息传感、离线编程与路径规划、智能控制、电源技术、仿真技术、焊接工艺方法、遥控焊接技术等方面取得了许多突出的成果。随着计算机技术、网络技术、智能控制技术、人工智能理论以及工业生产系统的不断发展，焊接机器人技术领域还有很多亟待我们去研究的问题，特别是焊接机器人的视觉控制技术、模糊控制技术、智能化控制技术、嵌入式控制技术、虚拟现实技术、网络控制技术等将是未来研究的主要方向。

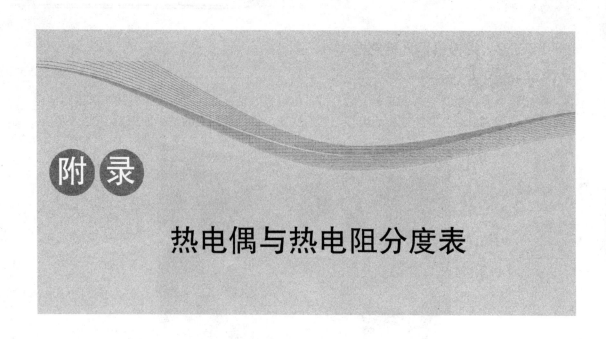

附 录

热电偶与热电阻分度表

附表 1　铂铑10-铂热电偶分度表（分度号为 S，冷端温度为 0 ℃，mV）

温度/℃	0	10	20	30	40	50	60	70	80	90
0	0.000	-0.053	-0.103	-0.150	-0.194	-0.236				
0	0.000	0.055	0.113	0.173	0.235	0.299	0.365	0.433	0.502	0.573
100	0.646	0.720	0.795	0.872	0.950	1.029	1.110	1.191	1.273	1.357
200	1.441	1.526	1.612	1.698	1.786	1.874	1.962	2.052	2.141	2.232
300	2.323	2.415	2.507	2.599	2.692	2.786	2.880	2.974	3.069	3.164
400	3.259	3.355	3.451	3.548	3.645	3.742	3.840	3.938	4.036	4.134
500	4.233	4.332	4.432	4.532	4.632	4.732	4.833	4.934	5.035	5.137
600	5.239	5.341	5.443	5.546	5.649	5.753	5.857	5.961	6.065	6.170
700	6.275	6.381	6.486	6.593	6.699	6.806	6.913	7.020	7.128	7.236
800	7.345	7.454	7.563	7.673	7.783	7.893	8.003	8.114	8.226	8.337
900	8.449	8.562	8.674	8.787	8.900	9.014	9.128	9.242	9.357	9.472
1 000	9.587	9.703	9.819	9.935	10.051	10.168	10.285	10.403	10.520	10.638
1 100	10.757	10.875	10.994	11.113	11.232	11.351	11.471	11.590	11.710	11.830
1 200	11.951	12.071	12.191	12.312	12.433	12.544	12.675	12.796	12.917	13.038
1 300	13.159	13.280	13.402	13.523	13.644	13.766	13.887	14.009	14.130	14.251
1 400	14.373	14.494	14.615	14.736	14.857	14.978	15.099	15.220	15.341	15.461
1 500	15.582	15.702	15.822	15.942	16.062	16.182	16.301	16.420	16.539	16.658
1 600	16.777	16.895	17.013	17.131	17.249	17.366	17.483	17.600	17.717	17.832
1 700	17.947	18.061	18.174	18.285	18.395	18.503	18.609			

附表 2　铂铑₁₃－铂热电偶分度表（分度号为 R，冷端温度为 0 ℃，mV）

温度/℃	0	10	20	30	40	50	60	70	80	90
0	0.000	−0.051	−0.100	−0.145	−0.188	−0.226				
0	0.000	0.054	0.111	0.171	0.232	0.296	0.363	0.431	0.501	0.573
100	0.647	0.723	0.800	0.879	0.959	1.041	1.124	1.208	1.294	1.381
200	1.469	1.558	1.648	1.739	1.831	1.923	2.017	2.112	2.207	2.304
300	2.401	2.498	2.597	2.696	2.796	2.896	2.997	3.099	3.201	3.304
400	3.408	3.512	3.616	3.721	3.827	3.933	4.040	4.147	4.255	4.363
500	4.471	4.580	4.690	4.800	4.910	5.021	5.133	5.245	5.357	5.470
600	5.583	5.697	5.812	5.926	6.041	6.157	6.273	6.390	6.507	6.625
700	6.743	6.861	6.980	7.100	7.200	7.340	7.461	7.583	7.705	7.827
800	7.950	8.073	8.197	8.321	8.446	8.571	8.697	8.823	8.950	9.077
900	9.205	9.333	9.461	9.590	9.720	9.850	9.980	10.111	10.242	10.374
1 000	10.506	10.638	10.771	10.905	11.039	11.173	11.307	11.442	11.578	11.714
1 100	11.850	11.986	12.123	12.260	12.397	12.535	12.673	12.812	12.950	13.089
1 200	13.228	13.367	13.507	13.646	13.786	13.926	14.066	14.207	14.347	14.488
1 300	14.629	14.770	14.911	15.052	15.193	15.334	15.475	15.616	15.758	15.899
1 400	16.040	16.181	16.323	16.464	16.605	16.746	16.887	17.028	17.169	17.310
1 500	17.451	17.591	17.732	17.872	18.012	18.152	18.292	18.431	18.571	18.710
1 600	18.849	18.988	19.126	19.264	19.402	19.540	19.677	19.814	19.951	20.087
1 700	20.222	20.356	20.488	20.620	20.749	20.877	21.003			

附表 3　铂铑₃₀－铂铑₆热电偶分度表（分度号为 B，冷端温度为 0 ℃，mV）

温度/℃	0	10	20	30	40	50	60	70	80	90
0	0.000	−0.002	−0.003	−0.002	−0.000	0.002	0.006	0.011	0.017	0.025
100	0.033	0.043	0.053	0.065	0.078	0.092	0.107	0.123	0.141	0.159
200	0.178	0.199	0.220	0.243	0.267	0.291	0.317	0.344	0.372	0.401
300	0.431	0.462	0.494	0.527	0.561	0.596	0.632	0.669	0.707	0.746
400	0.787	0.828	0.870	0.913	0.957	1.002	1.048	1.095	1.143	1.192
500	1.242	1.293	1.344	1.397	1.451	1.505	1.561	1.617	1.675	1.733
600	1.792	1.852	1.913	1.975	2.037	2.101	2.165	2.230	2.296	2.363
700	2.431	2.499	2.569	2.639	2.710	2.782	2.854	2.928	3.002	3.087
800	3.154	3.230	3.308	3.386	3.466	3.546	3.626	3.708	3.790	3.873
900	3.957	4.041	4.127	4.213	4.299	4.387	4.475	4.564	4.653	4.743

温度/℃	0	10	20	30	40	50	60	70	80	90
1 000	4.834	4.926	5.018	5.111	5.205	5.299	5.394	5.489	5.585	5.682
1 100	5.780	5.878	5.976	6.075	6.175	6.276	6.377	6.478	6.580	6.683
1 200	6.786	6.890	6.995	7.100	7.205	7.311	7.417	7.524	7.632	7.740
1 300	7.848	7.957	8.066	8.176	8.286	8.397	8.508	8.620	8.731	8.884
1 400	8.956	9.069	9.182	9.296	9.410	9.524	9.639	9.753	9.868	9.984
1 500	10.099	10.215	10.331	10.447	10.563	10.679	10.796	10.913	11.029	11.146
1 600	11.263	11.380	11.497	11.614	11.731	11.848	11.965	12.082	12.199	12.316
1 700	12.433	12.549	12.666	12.782	12.898	13.041	13.130	13.246	13.361	13.476
1 800	13.591	13.706	13.820							

附表 4　镍铬 – 镍硅（镍铝）热电偶分度表（分度号为 K，冷端温度为 0 ℃，mV）

温度/℃	0	10	20	30	40	50	60	70	80	90
– 200	– 5.891	– 6.035	– 6.158	– 6.262	– 6.344	– 6.404	– 6.441	– 6.458		
– 100	– 3.554	– 3.852	– 4.138	– 4.411	– 4.669	– 4.913	– 5.141	– 5.354	– 5.550	– 5.730
– 0	0.000	– 0.392	– 0.778	– 1.156	– 1.527	– 1.889	– 2.243	– 2.587	– 2.920	– 3.243
0	0.000	0.397	0.798	1.203	1.612	2.023	2.436	2.851	3.267	3.682
100	4.096	4.509	4.920	5.328	5.735	6.138	6.540	6.941	7.340	7.739
200	8.138	8.539	8.940	9.343	9.747	10.153	10.561	10.971	11.382	11.795
300	12.209	12.624	13.040	13.457	13.874	14.293	14.713	15.133	15.554	15.975
400	16.397	16.820	17.243	17.667	18.091	18.516	18.941	19.366	19.792	20.218
500	20.644	21.071	21.497	21.924	22.350	22.776	23.203	23.629	24.055	24.480
600	24.905	25.330	25.755	26.179	26.602	27.025	27.447	27.869	28.289	28.710
700	29.129	29.548	29.965	30.382	30.798	31.213	31.628	32.041	32.453	32.865
800	33.275	33.685	34.093	34.501	34.908	35.313	35.718	36.121	36.524	36.925
900	37.326	37.725	38.124	38.522	38.918	39.314	39.708	40.101	40.494	40.885
1 000	41.276	41.665	42.053	42.440	42.826	43.211	43.595	43.978	44.359	44.740
1 100	45.119	45.497	45.873	46.249	46.623	46.995	47.367	47.737	48.105	48.473
1 200	48.838	49.202	49.565	49.926	50.286	50.644	51.000	51.355	51.708	52.060
1 300	52.410	52.759	53.106	53.451	53.795	54.138	54.479	54.819		

附表 5　镍铬－康铜热电偶分度表（分度号为 E，冷端温度为 0 ℃，mV）

温度/℃	0	10	20	30	40	50	60	70	80	90
−200	−8.825	−9.063	−9.274	−9.455	−9.604	−9.718	−9.797	−9.835		
−100	−5.237	−5.681	−6.107	−6.516	−6.907	−7.279	−7.632	−7.963	−8.273	−8.561
−0	−0.000	−0.582	−1.152	−1.709	−2.255	−2.787	−3.306	−3.811	−4.032	−4.777
0	0.000	0.591	1.192	1.801	2.420	3.048	3.685	4.330	4.985	5.648
100	6.319	6.998	7.685	8.379	9.081	9.789	10.503	11.224	11.951	12.684
200	13.421	14.164	14.912	15.664	16.420	17.181	17.945	18.713	19.484	20.259
300	21.036	21.817	22.600	23.386	24.174	24.964	25.757	26.552	27.348	28.146
400	28.946	29.747	30.550	31.354	32.159	32.965	33.772	34.579	35.387	36.196
500	37.005	37.815	38.624	39.434	40.243	41.053	41.862	42.671	43.479	44.286
600	45.093	45.900	46.705	47.509	48.313	49.116	49.917	50.718	51.517	52.315
700	53.112	53.908	54.703	55.497	56.289	57.080	57.870	58.659	59.446	60.232
800	61.017	61.801	62.583	63.364	64.144	64.922	65.698	66.473	67.246	68.017
900	68.787	69.554	70.319	71.082	71.844	72.603	73.360	74.115	74.869	75.621
1 000	76.373									

附表 6　铁－康铜热电偶分度表（分度号为 J，冷端温度为 0 ℃，mV）

温度/℃	0	10	20	30	40	50	60	70	80	90
−200	−7.890	−8.095								
−100	−4.633	−5.037	−5.426	−5.801	−6.159	−6.500	−6.821	−7.123	−7.403	−7.659
−0	0.000	−0.501	−0.995	−1.482	−1.961	−2.431	−2.893	−3.344	−3.786	−4.215
0	0.000	0.507	1.019	1.537	2.059	2.585	3.116	3.650	4.187	4.726
100	5.269	5.814	6.350	6.909	7.459	8.010	8.562	9.115	9.669	10.224
200	10.779	11.334	11.885	12.445	13.000	13.555	14.110	14.665	15.219	15.773
300	16.327	16.881	17.434	17.986	18.538	19.090	19.612	20.194	20.745	21.297
400	21.848	22.400	22.952	23.504	24.057	24.610	25.164	25.720	26.276	26.834
500	27.393	27.953	28.516	29.080	29.647	30.216	30.788	31.352	31.939	32.519
600	33.102	33.689	34.279	34.873	35.470	36.071	36.675	37.284	37.896	28.512
700	39.132	39.755	40.382	41.012	41.645	42.281	42.910	43.669	44.203	44.848
800	45.494	46.141	46.786	47.431	48.074	48.715	49.353	49.989	50.622	51.251
900	51.877	52.500	53.119	53.735	54.347	54.956	55.561	56.161	55.763	57.360
1 000	57.953	58.546	59.184	59.721	60.307	60.890	61.473	62.054	62.634	63.214
1 100	63.792	64.370	61.948	65.525	66.102	66.679	67.266	67.831	68.406	68.980
1 200	69.553									

附表7 铜-康铜热电偶分度表（分度号为T，冷端温度为0℃，mV）

温度/℃	0	10	20	30	40	50	60	70	80	90
−200	−5.603	−5.753	−5.888	−6.007	−6.105	−6.180	−6.232	−6.258		
−100	−3.379	−3.657	−3.923	−4.177	−4.419	−4.648	−4.865	−5.070	−5.261	−5.439
−0	0.000	−0.383	−0.757	−1.121	−1.475	−1.819	−2.153	−2.476	−2.788	−3.089
0	0.000	0.391	0.790	1.196	1.612	2.036	2.468	2.909	3.358	3.814
100	4.279	4.750	5.228	5.714	6.206	6.704	7.209	7.720	8.237	8.759
200	9.288	9.822	10.362	10.907	11.458	12.013	12.574	13.139	13.709	14.283
300	14.862	15.445	16.032	16.624	17.219	17.819	18.422	19.036	19.641	20.255
400	20.872									

附表8 铂热电阻分度表

$R_0 = 50.00 \ \Omega$ 分度号：Pt50

$A = 3.968\,47 \times 10^{-3} \ (1/℃)$ $B = -5.847 \times 10^{-7} \ (1/℃^2)$ $C = -4.22 \times 10^{-12} \ (1/℃^4)$

温度/℃	0	10	20	30	40	50	60	70	80	90
	热电阻值									
−200	8.64	—	—	—	—	—	—	—	—	—
−100	29.82	27.76	25.69	23.61	21.51	19.40	17.28	15.14	12.99	10.82
−0	50.00	48.01	46.02	44.02	42.01	40.00	37.98	35.95	33.92	31.87
0	50.00	51.98	53.96	55.93	57.89	59.85	61.80	63.75	65.69	67.62
100	69.55	71.48	73.39	75.30	77.20	79.10	81.00	82.89	84.77	86.64
200	88.51	90.38	92.24	94.09	95.94	97.78	99.61	101.44	103.26	105.08
300	106.89	108.70	110.50	112.29	114.08	115.86	117.64	119.41	121.18	122.94
400	124.69	126.44	128.18	129.91	131.64	133.37	135.09	136.80	138.50	140.20
500	141.90	143.59	145.27	146.95	148.62	150.29	151.95	153.60	155.25	156.89
600	158.53	160.16	161.78	163.40	165.01	166.62	—	—	—	—

附表9 铂热电阻分度表

$R_0 = 100.00 \ \Omega$ 分度号：Pt100

$A = 3.968\,47 \times 10^{-3} \ (1/℃)$ $B = -5.847 \times 10^{-7} \ (1/℃^2)$ $C = -4.22 \times 10^{-12} \ (1/℃^4)$

温度/℃	0	10	20	30	40	50	60	70	80	90
	热电阻值									
−200	17.28	—	—	—	—	—	—	—	—	—
−100	59.65	55.52	51.38	47.21	43.02	38.80	34.56	30.29	25.98	21.65
−0	100.00	96.03	92.04	88.04	84.03	80.00	75.96	71.91	67.84	63.75

温度/℃	0	10	20	30	40	50	60	70	80	90
	热电阻值									
0	100.00	103.96	107.91	111.85	115.78	119.70	123.60	127.49	131.37	135.24
100	139.10	142.95	146.78	150.60	154.41	158.21	162.00	165.78	169.54	173.29
200	177.03	180.76	184.48	188.18	191.88	195.56	199.23	202.89	206.53	210.17
300	213.79	217.40	221.00	224.59	228.17	231.73	235.29	238.83	242.36	245.88
400	249.38	252.88	256.36	259.83	263.29	266.74	270.18	273.60	277.01	280.41
500	283.80	287.18	290.55	293.91	297.25	300.58	303.90	307.21	310.50	313.79
600	317.06	320.32	323.57	326.80	330.03	333.25	—	—	—	—

附表 10 铜热电阻分度表 ($R_0 = 50\ \Omega$, $a = 0.004\ 280\ ℃^{-1}$, 分度号为 Cu50, Ω)

温度/℃	0	10	20	30	40	50	60	70	80	90
−0	50.00	47.85	45.70	43.55	41.40	39.24	—	—	—	—
0	50.00	52.14	54.28	56.42	58.56	60.70	62.84	64.98	67.12	69.26
100	71.40	73.54	75.68	77.83	79.98	82.13	—	—	—	—

附表 11 铜热电阻分度表 ($R_0 = 100\ \Omega$, $a = 0.004\ 280\ ℃^{-1}$, 分度号为 Cu100, Ω)

温度/℃	0	10	20	30	40	50	60	70	80	90
−0	100.00	95.70	91.40	87.10	82.80	78.49	—	—	—	—
0	100.00	104.28	108.56	112.84	117.12	121.40	125.68	129.96	134.24	138.52
100	142.80	147.08	151.36	155.66	159.96	164.27	—	—	—	—

参 考 文 献

［1］宋宇，朱伟华. 传感器及自动检测技术［M］. 北京：北京理工大学出版社，2013.

［2］贾海赢. 传感器技术与应用［M］. 北京：高等教育出版社，2015.

［3］柳桂国. 传感器与自动检测技术［M］. 北京：电子工业出版社，2010.

［4］陈卫. 传感器应用［M］. 北京：高等教育出版社，2014.

［5］杨少春. 传感器原理及应用［M］. 北京：电子工业出版社，2011.

［6］王煜东. 传感器应用技术［M］. 西安：西安电子科技大学出版社，2007.

［7］梁森，欧阳三泰. 自动检测技术及应用（第2版）［M］. 北京：机械工业出版社，2017.

［8］丁炜. 过程控制仪表及装置（第3版）［M］. 北京：电子工业出版社，2014.

［9］邵联合. 过程检测与控制仪表一体化教程［M］. 北京：化学工业出版社，2013.

［10］曹亚静. 过程检测仪表使用与维护［M］. 北京：化学工业出版社，2013.

［11］李飞. 过程检测系统的构成与连校［M］. 北京：化学工业出版社，2012.

［12］陈荣保. 工业自动化仪表［M］. 北京：中国电力出版社，2011.

［13］张智贤，沈永良. 自动化仪表与过程控制［M］. 北京：中国电力出版社，2013.

［14］潘王杰，文群英. 热工测量及仪表（第2版）［M］. 北京：中国电力出版社，2009.

［15］李娟. 传感器与检测技术［M］. 北京：冶金工业出版社，2009.

［16］王建国. 检测技术与仪表［M］. 北京：中国电力出版社，2007.

［17］宋健. 传感器技术及应用［M］. 北京：北京理工大学出版社，2007.

［18］国家技术监督局计量司. 90国际温标通用热电偶分度表手册［M］. 北京：中国计量出版社，1994.

［19］俞云强. 传感器与检测技术［M］. 北京：高等教育出版社，2013.

［20］王煜东. 传感器应用电路400例［M］. 北京：中国电力出版社，2008.